Espumas metálicas

Introducción, teoría y experimentación

Ignacio Figueroa Vargas
Gabriel Lara Rodríguez
Ismeli Alfonso López

Caduceus

Espumas metálicas
Introducción, teoría y experimentación

Editado por: Corporación Ígneo, S.A.C.
para su sello editorial Caduceus
José Olaya 169, Ofic. 504, Miraflores. Lima, Perú
Primera edición, septiembre, 2025

ISBN: 978-956-424-015-2

www.grupoigneo.com
Correo electrónico: contacto@grupoigneo.com | Teléfono: +51 955 071 270
Facebook: Grupo Ígneo | X: @editorialigneo | Instagram: @grupoigneo

Contenido

Esta obra presenta una breve introducción teórica sobre las espumas metálicas, también conocidas como materiales estructurados, y cómo la naturaleza nos muestra su aplicación. En la segunda parte se detallan los aspectos teóricos y las técnicas experimentales en su procesamiento.

Agradecimientos

Los autores agradecen a O. Novelo, A. Tejeda, F. Silvar, F. García, A. Pompa, C. Ramos y A. Bobadilla por el apoyo técnico brindado. A los estudiantes Javier Hermenegildo Cadena Franco, Isaac Jacob Calvo Alfaro y José de Jesús Flores Cabrales por el apoyo en los trabajos realizados en el Laboratorio de Materiales Metálicos Avanzados del Instituto de Investigaciones en Materiales de la Universidad Nacional Autónoma de México (IIM-UNAM).

Prólogo

Con el propósito de inspirar e instruir a los lectores en el campo de las espumas metálicas, esta obra se fundamenta en un sólido marco teórico que privilegia la divulgación científica. Su finalidad es contribuir al desarrollo tecnológico en la ciencia de los materiales y fomentar su aplicación en diversas áreas.

El objetivo central es exponer los fundamentos y teorías más relevantes sobre las espumas metálicas, permitiendo a los estudiantes comprender en profundidad los fenómenos involucrados. Asimismo, se busca que los conocimientos adquiridos puedan aplicarse en nuevos contextos, abordando los temas con el rigor necesario para garantizar una formación adecuada.

Este libro estimula la curiosidad y el interés tanto de los estudiantes como del público especializado. Además, representa un esfuerzo significativo por ampliar el conocimiento en el ámbito científico, destacando la relevancia de las espumas metálicas como materiales de alto impacto en el entorno profesional. Los conocimientos técnicos aquí presentados pueden servir como base para la toma de decisiones informadas en cuestiones relacionadas con la ciencia y la tecnología de estos materiales.

El desarrollo de esta obra es resultado del trabajo colaborativo de diversos especialistas e incluye tanto el análisis del comportamiento de las espumas metálicas como herramientas didácticas diseñadas para motivar a los estudiantes y a la comunidad lectora. Todo ello con el propósito de maximizar el aprovechamiento de estos materiales en un entorno industrial altamente competitivo.

Asimismo, se ofrece una revisión de las investigaciones realizadas a lo largo del tiempo en distintos grupos de estudio. Con ello, se busca contribuir a la difusión de la actividad científica y fomentar el trabajo interdisciplinario entre los lectores.

El contenido del texto se estructura en dos partes:

1. **Primera parte: Introducción:** se presenta el marco teórico sobre las espumas metálicas, abordando sus propiedades, principales aplicaciones, clasificación, procesos de fabricación y ámbitos de uso más relevantes.
2. **Segunda parte: Teoría y experimentación:** se exploran los aspectos teóricos y las técnicas experimentales en el procesamiento de estos materiales, incluyendo sus propiedades mecánicas, comportamiento y mecanismos de deformación. Además, se presentan ejemplos prácticos para la obtención de espumas metálicas a partir de aluminio.

El estudio de las espumas metálicas es un campo de gran interés y en constante evolución. Día a día surgen nuevos descubrimientos, se desarrollan investigaciones tanto básicas como aplicadas y se amplía su espectro de uso en diversas industrias. En este sentido, el texto se apoya en fuentes bibliográficas confiables y pertinentes, proporcionando un análisis integral sobre estos materiales, sus propiedades y aplicaciones.

Esperamos que esta obra sea de su interés y facilite una mejor comprensión del vasto mundo de las espumas metálicas y sus múltiples posibilidades.

Maricela Zapata Arroyo
Instituto de Investigaciones en Materiales, UNAM
Diciembre de 2024

Primera parte
Introducción

1. Introducción a los materiales porosos

1.1. Materiales porosos o celulares en la naturaleza

La mayoría de los materiales, tanto los presentes en la naturaleza como los creados por el ser humano, poseen cierto grado de porosidad, aunque esta característica suele pasar inadvertida. Los materiales porosos, también llamados sólidos celulares, se componen de una estructura con una parte sólida formada por láminas de paredes delgadas y otra con cavidades. En contraste, los materiales densos carecen de porosidad aparente y se emplean en aplicaciones estructurales, como vigas de acero, tubos de cobre o barras de aluminio.

Por lo general estas estructuras se denominan poros o células, y tienen ciertas características dependiendo del ordenamiento y la forma que presenten.[1-6] Sin embargo, J. Gibson[6] menciona que los sólidos celulares están conformados por redes de paredes delgadas y soportes sólidos interconectadas entre sí, que forman los bordes y la estructura de las celdas. Estos materiales porosos pueden ser naturales o artificiales, y están compuestos por paredes delgadas ordenadas de manera simétrica, con frecuencia determinadas por las formas geométricas de los poros.[6-10]

A continuación, se muestra la clasificación de algunos materiales porosos (Tabla 1) respecto a la naturaleza de cada uno de ellos.

Tabla 1. *Clasificación de los materiales porosos conforme a su naturaleza*

Origen	Material			
Naturales	Madera	Corcho	Esponja	Hueso
Artificiales	Espumas	Poliuretano	Polietileno	Espumas metálicas

De esta manera, es posible encontrar distintos materiales porosos naturales que tienen la capacidad de formar estructuras con un bajo peso específico, en combinación con otras propiedades de interés (alta permeabilidad y difusividad térmica, aumento en el porcentaje de deformación plástica, etc.). En la Figura 1 se muestran algunos ejemplos de materiales celulares provenientes de la naturaleza.

Materiales celulares naturales

- Madera
- Corcho
- Hueso esponjoso
- Tallo de las plantas
- Etc.

Figura 1. *Ejemplos de algunos materiales celulares naturales*

1.1.1. Tipos de estructura de materiales celulares naturales

Los materiales porosos presentan tres estructuras características. La más sencilla muestra celdas hexagonales acomodadas en dos dimensiones, similares a la estructura hexagonal de las celdas de un panal de abejas. En otros casos, la forma que adquieren es del tipo poliédrico, con la capacidad de llenar un espacio tridimensional; esta es la principal razón por la que estos materiales se conocen como espumas.

Estas se encuentran conformadas por caras sólidas cuyas celdas están aisladas del resto, y se las denomina materiales de celda cerrada. En cambio, cuando las celdas o poros se conectan entre sí, se las conoce como de tipo abierto. La celda mixta está formada por ambos tipos.[6-8]

En la Figura 2 se observan algunos ejemplos de estructuras comunes que presentan algunos materiales porosos naturales. La Figura 2.a muestra la micrografía de la madera de balsa; esta tiene un arreglo bidimensional de celdas cerradas. En la Figura 2.b se observa una micrografía de la cabeza femoral (hueso esponjoso) con estructura de tipo espuma de celda abierta. En la Figura 2.c se ve la bóveda craneal que, a diferencia de las anteriores, tiene un tipo de celda mixta.

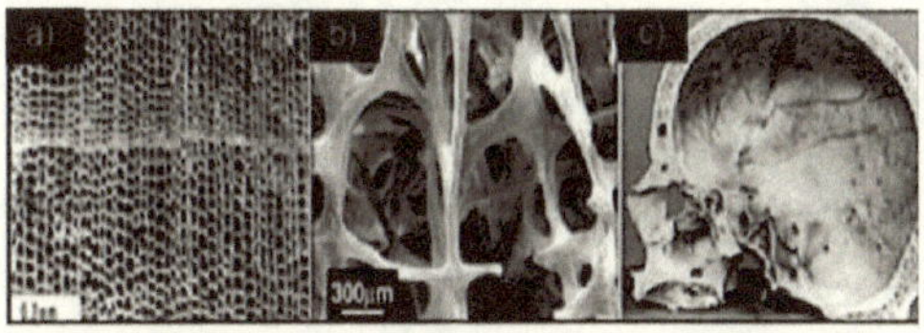

Figura 2. *Estructuras características de los sólidos celulares naturales: (a) madera de balsa con celdas cerradas, (b) hueso esponjoso (espuma de celdas abiertas), (c) bóveda craneal de celdas mixtas*[7,8-2]

Así, podemos decir que los sólidos celulares naturales pueden clasificarse de acuerdo con su estructura como se muestra en la Figura 3.

Bidimensionales (paneles de abeja)
- Celda cerrada.

Tridimensionales (espumas)
- Celda cerrada.
- Celda abierta.
- Mixtas

Figura 3. *Clasificación de los materiales porosos naturales*

Todas estas estructuras son representativas en algunos materiales celulares naturales ya mencionados y se pueden observar detalladamente en la Figura 4.

- **Madera y corcho:** la principal característica de estos materiales es que su estructura es de celda cerrada hexagonal, similar a la celda formada en el panal de abejas (Figuras 4.a y 4.b).
- **Hueso trabecular o esponjoso y vástago o tallo de plantas:** estas son estructuras de celdas abiertas; su característica principal es su baja densidad y morfología poliédrica (Figuras 4.c y 4.d).
- **Hojas angostas y largas del iris (planta) y hueso del cráneo:** la estructura de estos materiales es de sándwich, ya que tiene dos caras externas separadas por un núcleo ligero de tipo espuma (Figuras 4.e y 4.f).
- **Plumas de los animales, púas y tallos de las plantas:** estos materiales poseen estructuras cilíndricas naturales cuyo núcleo es similar al panal de abeja o en forma de espuma (Figuras 4.g y 4.h).

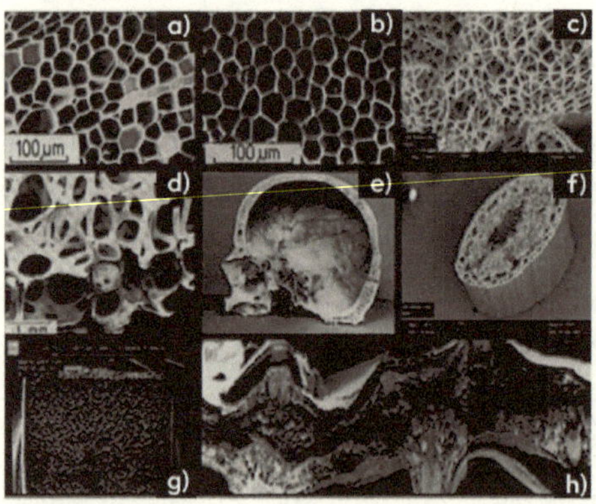

Figura 4. *Sólidos celulares en la naturaleza: (a) madera de balsa, (b) corcho, (c) núcleo central del tallo de una planta, (d) hueso trabecular, (e) cráneo, (f) hueso del cráneo, (g) púa de puercoespín, (h) iris de una planta*[6-8,3]

1.1.2. Propiedades y usos de los materiales porosos naturales

En las espumas, tanto el tipo como la morfología que adquieren los poros son en extremo importante, ya que de esto dependen las propiedades de los sólidos celulares. Estos materiales ofrecen distintas cualidades fisicoquímicas; entre las principales podemos destacar su alta resistencia a la compresión y deformación y una elevada capacidad de absorción de energía.

Además, presentan una buena relación rigidez-peso específico y alta durabilidad al ser sometidos a ensayos de fatiga y cargas dinámicas, y también son excelentes aislantes térmicos, entre otros aspectos.

Dependiendo de la naturaleza porosa (celda abierta), la espuma puede permitir el paso de ciertos fluidos para transportar los nutrientes que sean requeridos. La construcción en el interior de los materiales porosos naturales tiene la capacidad de adaptarse a las condiciones que se quiere mantener en las estructuras resultantes.

Esto quiere decir que algunos pueden tener un crecimiento estructural orgánico-poroso, modificando la morfología o implementando características que dependen directamente de sus necesidades. Las estructuras tubulares naturales cuentan con un núcleo similar a un panal de abejas; estas resisten gracias a una capa exterior que suele ser más densa y aumenta la resistencia de la cubierta ante la torsión o la flexión.[6,13-15]

La madera, el bambú y el hueso trabecular esponjoso son materiales porosos anisótropos, lo que significa que las propiedades mecánicas dependen de la dirección en que se les aplique la carga. De esta manera, los materiales porosos naturales aprovechan la anisotropía para aumentar la eficiencia mecánica; por ello incrementan la materia donde es más necesario soportar las cargas aplicadas.

Un ejemplo de esto se observa en los árboles, cuyos troncos experimentan esfuerzos cuando el viento incide sobre ellos. En contraste, en las plantas, es el tallo el que soporta directamente estos esfuerzos, ya que debe sostener el peso de una flor o fruto y mantenerse firme frente a la acción del viento. Por otro lado, la madera posee mayor rigidez y resistencia debido a su microestructura celular, que adopta una disposición similar a la de un panal de abejas (Figura 5).

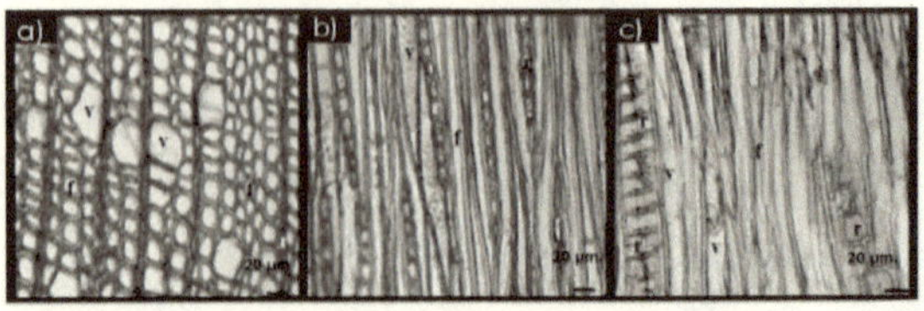

Figura 5. *Imágenes de microscopia óptica de la madera de álamo: (a) sección transversal; (b) sección tangencial; (c) sección radial*[16]

En cambio, los huesos pueden tener distinta morfología, dependiendo de su función (Figura 6). Por ejemplo, los huesos largos de las extremidades, como la tibia o el fémur, otorgan resistencia y estabilidad a la flexión y al pandeo debido a que tienen una cubierta de hueso compacto, muy denso, y un interior esponjoso.

Los huesos planos, como la bóveda craneal, poseen una estructura tipo sándwich; la superficie está conformada por capas densas de hueso cortical y adentro se encuentra una estructura delgada de hueso esponjoso que sirve de refuerzo para proteger los órganos vitales. Por último, en los huesos cortos, como la cabeza del fémur o las vértebras, la carga que se aplica es principalmente de compresión.[10,11]

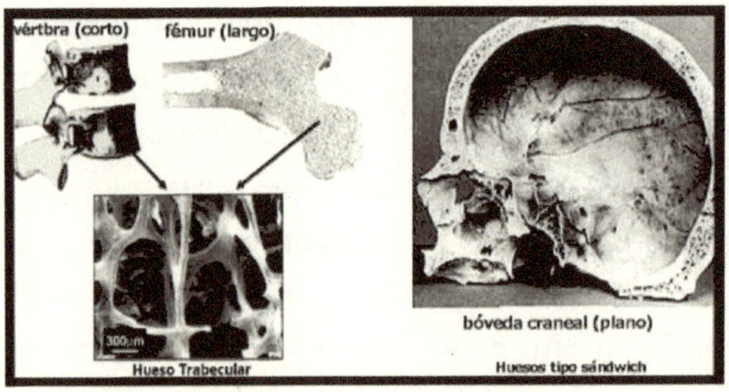

Figura 6. *Huesos con diferente morfología de acuerdo con sus funciones*[8,10,11]

A causa de las propiedades de los materiales porosos naturales, el ser humano ha hecho uso de estos durante siglos para la creación de distintas herramientas. Los primeros materiales empleados por el hombre fueron huesos de origen animal, piedras, cueros, madera y arcillas, entre otros (Figura 7).

En varias ocasiones los materiales eran sometidos a diferentes modificaciones, como los dibujos que se encontraban en las cuevas antiguas, hechos a partir del carbón vegetal obtenido de la combustión parcial de la madera.[6-20] En la Figura 7.b se muestra un bisonte dibujado con carbón vegetal[6,20] en la cueva de Niaux, en Francia, cuya antigüedad es de cerca de 12 890 años.

Por otra parte, los egipcios empleaban la madera en los artefactos que utilizaron para la construcción de sus pirámides; llegaron a construir uno de los más antiguos botes de madera que se conoce utilizando cedro. Los botes más antiguos, de cedro libanés, pertenecieron al faraón Keops, enterrado en el foso a los pies de la Gran Pirámide de Guiza; su antigüedad aproximada es de 4600 años (Figura 7.c).

Figura 7. *(a) Aplicación de materiales porosos, (b) bisonte dibujado a partir de carbón mineral, (c) imagen del bote del faraón Keops*[16,17]

Cuando Robert Hooke perfeccionó el microscopio, alrededor de 1660, uno de los primeros materiales examinados con estructura celular fue el corcho (Figura 8). Lo que vio y dibujó le ayudó a identificar la unidad básica de la estructura de la planta (y de los materiales celulares naturales), a la que denominó célula.

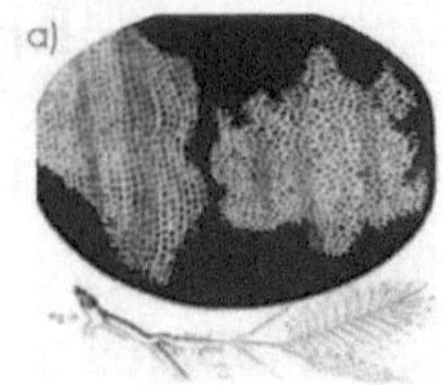

Figura 8. *Dibujo del corcho (Hooke) de 1665*[6]

Dadas las propiedades de los sólidos celulares naturales y gracias a los avances tecnológicos, los seres humanos centraron su atención en tratar de reproducir materiales altamente porosos, con propiedades y características similares a las de los materiales celulares naturales.[6,15]

1.1.3. Materiales porosos artificiales

El interés por las estructuras de los materiales porosos ha sido impactante, tanto que en la actualidad la investigación destinada al diseño de estructuras celulares con propiedades similares a las de los materiales porosos naturales se ha incrementado de manera considerable. Entre los materiales fabricados por el hombre se encuentran los de clase cerámica, polimérica y metálica, con características que se describen a continuación.[1-8,18,19]

- Poros de formas ordenadas o irregulares.
- Poros de diferentes dimensiones (con medidas que van desde los nanómetros hasta los milímetros).
- Diversas composiciones químicas que presentan materiales como los metales o los óxidos.
- Los distintos procesos de preparación de estos materiales.

De acuerdo con la Unión Internacional de Química Pura y Aplicada (IUPAC, por sus siglas en inglés), los materiales porosos se dividen en tres clases dependiendo del diámetro de los poros. En la Tabla 2 se muestra dicha clasificación.

Tabla 2. *Clasificación de los poros de acuerdo con su tamaño (IUPAC)*

Clase de poros	Diámetro del poro (d)
Microporos	d < 2,0 nm
Mesoporos	2,0 nm ≤ d ≤ 50 nm
Macroporos	d > 50 nm

1.1.4. Estructura de los materiales porosos artificiales

Los materiales porosos artificiales, al igual que los naturales, suelen ser diferentes por la distinta geometría de los poros o cavidades, que pueden ser irregulares, esféricos, cilíndricos, cónicos o en secciones variables. Estos poros se encuentran integrados en la estructura de dichos materiales y se pueden presentar ordenados o desordenados. De esta manera, las propiedades de los sólidos porosos dependen directamente de la morfología y estructura de las celdas.[1-8,18] En la Figura 9 se muestran los tipos de poros o las células/paredes de los mismos.

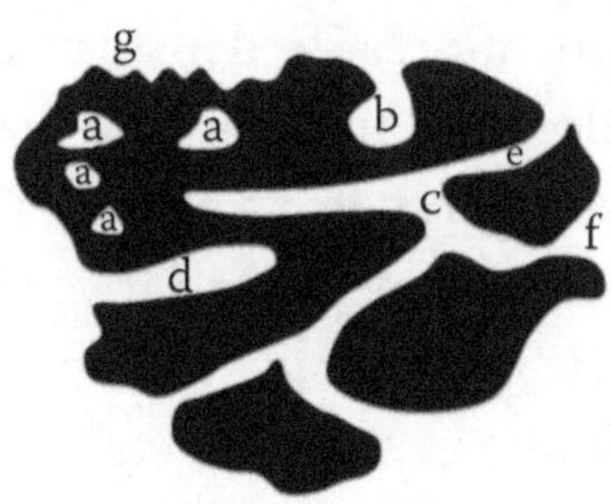

Accesibilidad:
a) Poros cerrados
b), c) y d) Poros abiertos

Forma:
b) En forma de gota de tinta
e) Cilíndrico abierto
f) En forma de embudo
d) Cilíndrico cerrado
g) Áspero

Figura 9. *Diferentes tipos de poros o descripción de las células/paredes de los mismos, modificado de referencia*[2]

Los materiales contienen alta cantidad de poros, y esto es evidencia de la alta densidad relativa (ρ_r), que es la característica principal de la estructura de un sólido celular y es determinada por la densidad de un material celular (ρ) dividida entre la del sólido (ρ_s) del cual están hechas las paredes y/o aristas de la celda.[1-8,18,19]

Ecuación 1

$$\rho_r = \frac{\rho}{\rho s}$$

Existen materiales tipo espuma con muy baja densidad que pueden llegar a tener una densidad relativa de 0,001. Las espumas poliméricas son utilizadas para amortiguar, aislar y empaquetar, y tienen densidades relativas de 0,05 y 0,2. El corcho, por ejemplo, tiene una densidad aproximada de 0,14, y la mayoría de las maderas blandas se encuentran entre 0,15 y 0,4. Conforme la densidad relativa aumenta, el espesor de las paredes de las celdas también lo hace y los espacios porosos se reducen.[7,8]

Se debe mencionar que, de acuerdo con Gibson (1998)[6] al hablar de materiales celulares y porosos, es importante no hacerlo de forma indistinta, pues se pueden encontrar diferencias entre ambos materiales, tomando en cuenta el valor de la densidad relativa para ambos casos.

Los materiales celulares tienen valores de densidad relativa menores a 0,3, considerado el valor más frecuente de esta propiedad para estos materiales, pues el rango va de 0,2 a 0,3. A diferencia de los materiales porosos, la densidad relativa siempre es superior a 0,3.[7,8] De este modo, la transición entre un material celular y uno poroso, destacando que el segundo solo contiene poros aislados, varía dependiendo del proceso.

Se propone que el material poroso es considerado como un material celular que debe tener una porosidad mayor o igual al 50 %.[1,8,18-23] Teniendo en cuenta que la porosidad de un material es la razón porcentual entre el volumen de poros y el volumen total del material.

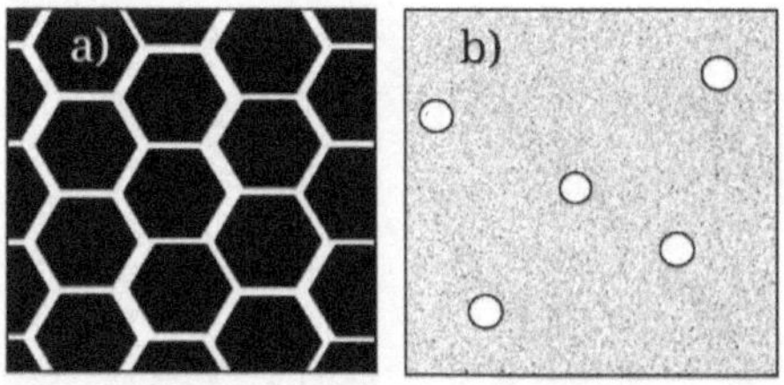

Figura 10. *Comparación entre un sólido celular y un material poroso: (a) material celular y (b) poroso*[6]

Ahora bien, de acuerdo con John Banhart *et al.*,[4] las definiciones de los materiales celulares o los porosos son términos generales que se refieren a una misma clase de materiales, los cuales tienen gran porcentaje de porosidad o células. A causa de esto, en este texto se usan de manera indistinta dichas definiciones.[4] Así, los materiales porosos poliméricos fabricados por el ser humano, desde su implementación hasta la actualidad, han tenido una amplia participación, pues tienen diversas aplicaciones; algunos ejemplos son el embalaje y el aislamiento acústico y térmico.

Desde otra perspectiva, el desarrollo que han experimentado sobre todo los materiales metálicos porosos y las aleaciones, se caracteriza por un proceso más lento a diferencia del resto.[24,] En la década de 1950 empezaron a mejorar los procesos de fabricación de los materiales metálicos porosos, lo que ayudó a obtener propiedades más homogéneas y costos más bajos; esto también permitió disponer de los materiales en forma industrial con propiedades relativamente homogéneas. De esta manera, se propuso un nuevo material, al cual denominaron espuma metálica.[1-8,15]

1.1.5. Espumas metálicas

En la naturaleza, las estructuras que brindan soporte a los cuerpos están formadas por materiales porosos, que poseen bajas densidades y elevadas resistencias a los distintos esfuerzos mecánicos. Un ejemplo son los huesos; estos presentan combinaciones de diferentes tipos de tejido, como se muestra en la Figura 11.[26]

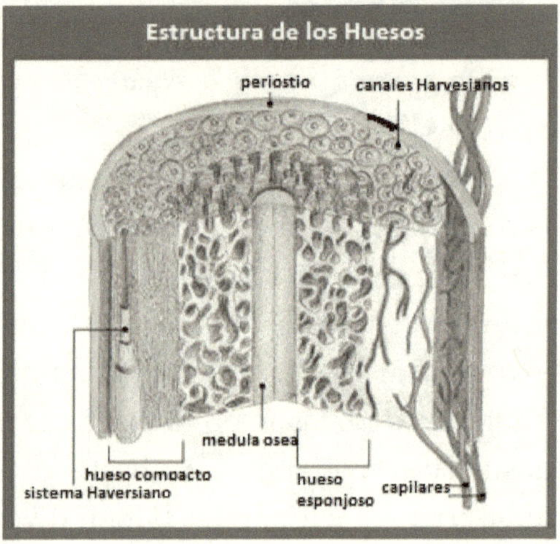

Figura 11. *Estructura interna de los huesos donde se identifica con claridad lo que puede ser denominado como espuma natural, que, por lo mismo, goza de muchas de sus ventajas y atribuciones*[26]

El hombre siempre busca aprender de la naturaleza. Entender los beneficios de las estructuras naturales nos brinda información para ayudarnos a crear sólidos celulares fabricados. Los polímeros parecen no ser lo bastante rígidos y los cerámicos son muy frágiles, por ello, los metales pudieran ser la opción correcta.

Muchas de las propiedades ingenieriles de las espumas metálicas son superiores a las de los polímeros; su rigidez es mayor por un orden de magnitud, tienen estabilidad a elevadas temperaturas, poseen una resistencia al fuego superior y no producen gases tóxicos cuando son expuestos al mismo. Más aún, las espumas metálicas son reciclables y no producen contaminación por desechos.

Las espumas metálicas poseen combinaciones de propiedades inusuales en comparación con los materiales estructurales convencionales. La excelente combinación de buenas propiedades mecánicas (por lo general resistencia y rigidez) y su bajo peso son sus principales ventajas.

Muchas de las propiedades mecánicas de estas espumas pueden ser obtenidas con otros materiales, algunas veces con más efectividad, pero estas ofrecen una combinación de varias propiedades que no pueden ser proporcionadas por un solo material convencional al mismo tiempo.[26] La Figura 12 muestra dos ejemplos de espumas metálicas.

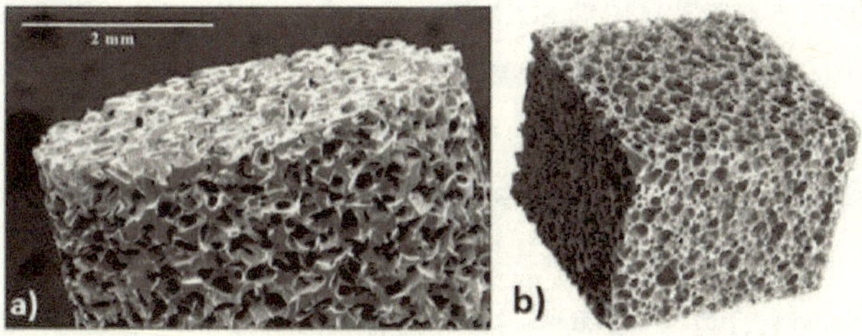

Figura 12. *Diferentes geometrías para espumas en las que se muestran poros interconectados (a) y abiertos (b)*

El interés por las espumas metálicas data de 1940[a] cuando Sosnick patentó un método de fabricación que involucró la vaporización de constituyentes metálicos de bajo punto de fusión.[24] En los años siguientes se presentaron otras publicaciones y patentes que incluían métodos de fabricación.

1.2. Definición de espuma metálica

Las espumas metálicas son consideradas como metales altamente porosos con rangos desde 40 % a 98 % en volumen. También son ligeros y ostentan varias propiedades, tales como capacidad de absorción de la energía de impacto, permeabilidad al agua y

a (*Patented C22C1/08, Jan. 20, 1948. Process for making foamlike mass of metal. Benjamin Sosnick, San Francisco, Calif.*)

al aire, propiedades acústicas poco comunes, baja conductividad térmica y buenas propiedades de aislamiento eléctrico. [27,28]

1.2.1. Clasificación de las espumas metálicas

Las espumas metálicas contienen poros (cavidades, canales o intersticios) que suelen ser más profundos que anchos. Como sólido celular tridimensional, las espumas metálicas pueden ser clasificadas de manera muy general de acuerdo con su porosidad en tres tipos (véase la Figura 13)

- **Poros cerrados:** son aquellos que no presentan interconexión, por lo que se encuentran aislados (Figura 13.a).
- **Poros abiertos:** son los que cuentan con comunicación entre ellos y se conectan a la parte exterior del material (Figura 13.b).
- **Poros penetrantes:** son un tipo de poros abiertos que tienen al menos dos aberturas situadas en dos lados de un material poroso.

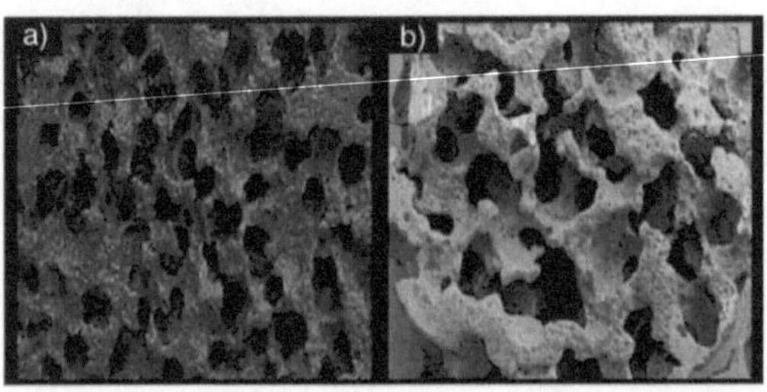

Figura 13. *a) Espuma de poros o celdas cerradas, b) espuma de poros o celdas abiertas*

Conforme a lo anterior, el tipo de interconexión entre los poros es de gran relevancia, pues está muy relacionado con las propiedades finales del material. De esta manera, es posible clasificar a las espumas metálicas de acuerdo con las cualidades que influyen sobre la porosidad, ya sea esta de tipo abierta o cerrada.[1-5]

Por tanto, las propiedades que se relacionan con un material de porosidad cerrada son la densidad, la conductividad térmica y la resistencia mecánica. Estos materiales poseen valores más altos en módulo de elasticidad (módulo de Young), resistencia máxima y absorción de energía al impacto, por lo que comúnmente tienen aplicaciones estructurales. El introducir poros abiertos en un material (producir materiales de poros abiertos) cambia sus propiedades, por lo que al aumentar la porosidad disminuye la resistencia mecánica. Sin embargo, se promueve una disminución de la densidad y el incremento en el área superficial.

Por otro lado, las espumas metálicas son similares a otro tipo de espumas (fabricadas con polímeros en bebidas y alimentos) debido a que la mayor parte de su estructura, entre el 40 % y el 95 % de esta, se encuentra constituida por poros que pueden estar separados o conectados entre sí.[15-19]

Si bien, el interés por estos materiales es cada vez mayor, existe cierta confusión sobre el término espuma metálica, pues se utiliza de manera general para definir a todos aquellos materiales que no son espumas. Por esto, Banhart[30] planteó una serie de definiciones o clasificaciones que se mencionan a continuación:

- **Metales celulares:** se refiere a todo cuerpo metálico en el que un gas es dispersado. La fase metálica se divide en espacios que contienen a la fase gaseosa. De esta manera, las células individuales están separadas por el metal.
- **Metales porosos:** son un tipo de metales celulares en el que los poros por lo general están aislados unos de otros, y su principal característica es tener una superficie lisa.
- **Esponjas metálicas:** en estas, los espacios vacíos son llenados con metal. Forman una red continua y al mismo

tiempo una red de espacios vacíos interconectados. En otras palabras, son aquellas que poseen una morfología de metales celulares con huecos interconectados.

- **Espumas metálicas (sólidas):** estas espumas son una clase particular de los metales celulares que se originan a partir de las espumas de metal líquido, en las que las burbujas de gas están ligeramente dispersadas en el líquido; por esta razón tienen una morfología delimitada. En ellas las células son cerradas, redondas o poliédricas y se encuentran separadas entre sí por una capa muy fina.[21,29-31] En la Figura 14 se muestra la clasificación de los materiales porosos.

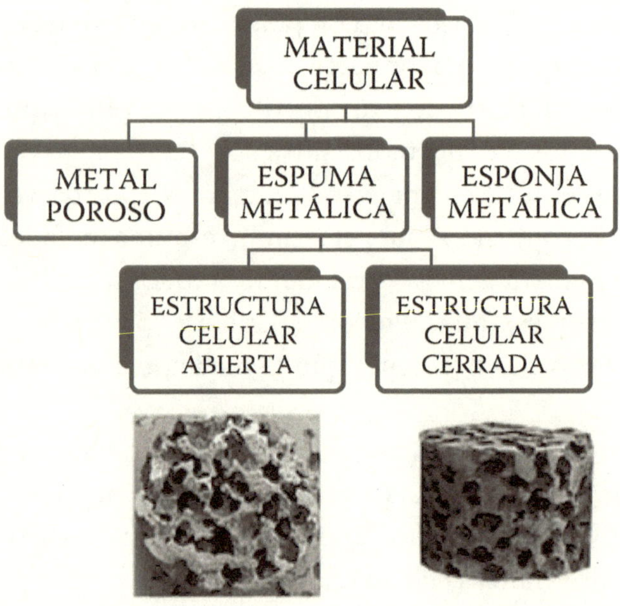

Figura 14. *Clasificación de los materiales celulares o porosos metálicos*

1.3. Métodos de fabricación de las espumas metálicas

Desde hace cinco décadas se ha propuesto una variedad de métodos de obtención de espumas metálicas, en especial en la década de 1980, cuando se desarrollaron de manera particular algunos métodos por rutas líquida y sólida.[4]

El primer modo de clasificar la fabricación de las espumas metálicas es de acuerdo con la manera en la que se procese el metal. Para este caso existen los siguientes grupos (Figura 15):[5]

- A partir de metal líquido.
- A partir de metal sólido en forma de polvo.
- A partir de vapor de metal o compuestos metálicos gaseosos.
- A partir de una solución de iones de metal.

De acuerdo con lo mencionado anteriormente, los métodos para la producción de materiales metálicos porosos pueden clasificarse según el tipo de proceso empleado, ya sea en estado líquido, sólido o gaseoso.

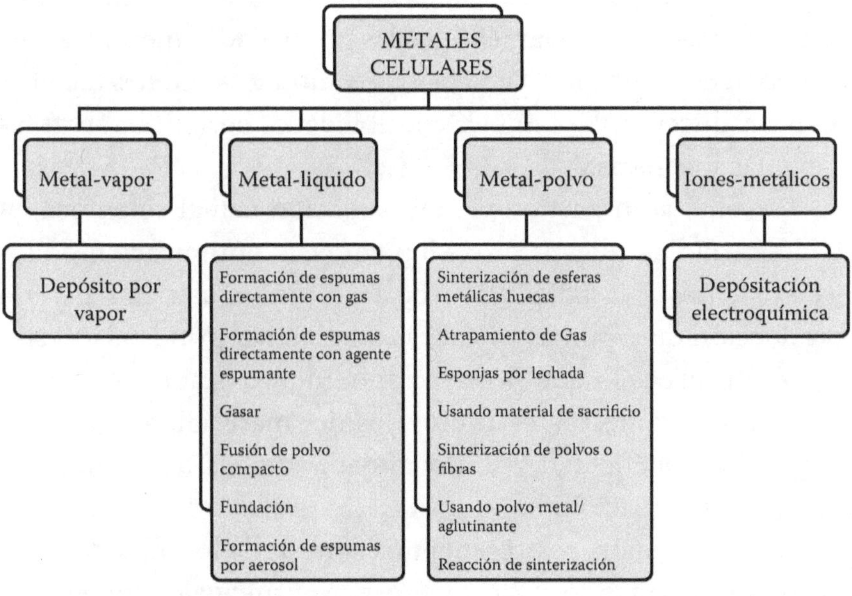

Figura 15. *Familias en las que se pueden clasificar los materiales metálicos celulares, así como las diferentes técnicas de producción*

1.4. Procesos de fabricación para espumas metálicas

En los últimos años, se han desarrollado numerosos métodos para la fabricación de espumas metálicas.[18,32] Sin embargo, no todos han resultado eficaces, ya que las espumas obtenidas suelen presentar variaciones en sus características microestructurales.

En la mayoría de los casos, no es posible controlar con precisión parámetros como las dimensiones de los poros o celdas, ni la distribución de su tamaño. Otro aspecto clave es el control de las celdas, ya que la mayoría de los métodos solo permiten fabricar espumas con un tipo específico de celda. Esto hace que sea extremadamente complicado, o incluso imposible, emplear el mismo procedimiento para obtener otro tipo de celda.[18]

Los métodos más destacados en términos de calidad y homogeneidad de los parámetros solo son capaces de producir espumas con un único tipo de celda. Además, pueden presentar algunos defectos, como gradientes en el tamaño de los poros o la presencia de partículas residuales en las paredes de las celdas, lo que impacta negativamente en las propiedades mecánicas del material. Esto, junto con un costo elevado y dificultades técnicas en la producción,[18,33] limita las posibilidades de aplicación de las espumas metálicas.

Por ello, gran parte de la investigación actual se enfoca en el desarrollo de nuevos procedimientos, la optimización de los ya existentes y la adaptación de técnicas industriales para la producción de espumas metálicas. El objetivo principal es establecer un proceso que proporcione un alto grado de control sobre los parámetros estructurales del material, asegurando mayor homogeneidad y uniformidad, además de reducir los costos de fabricación.

A continuación, se presenta una síntesis de los métodos más utilizados, resaltando sus características principales con el propósito de ofrecer un marco comparativo que permita justificar y explicar sus ventajas.

1.4.1. Inyección de gas

El método de gasificación directa, ampliamente utilizado en la fabricación de espumas de aluminio, se basa en la inyección de gas en un metal fundido (Figura 16). En primer lugar, el metal se funde dentro de un recipiente refractario. Luego, se introduce un gas, como aire, argón o nitrógeno, a través de propelas o aletas ubicadas en una sección del contenedor, con el propósito de generar una gran cantidad de burbujas que se distribuyen en el metal fundido.

Para evitar que las burbujas se acumulen únicamente en la parte superior de la fundición, se incorporan materiales como carburo de silicio, óxido de aluminio u óxido de magnesio, que incrementan la viscosidad del metal fundido. Una vez que las burbujas se han formado y distribuido de manera uniforme, el material espumado es trasladado mediante una banda transportadora y enfriado al finalizar el proceso.

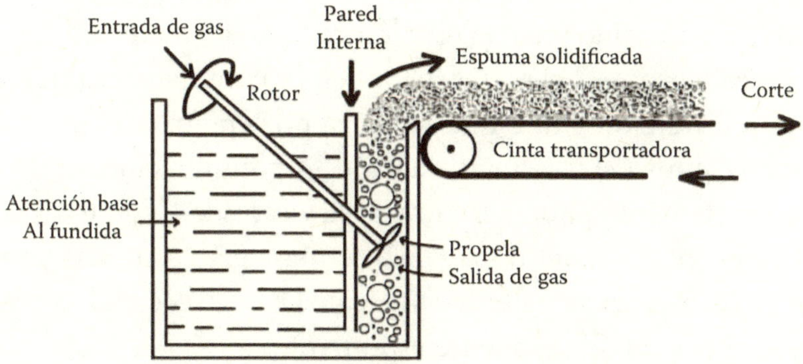

Figura 16. *Esquema representativo del método de fabricación por inyección de gas*[18]

Ventajas

- Este procedimiento permite la producción continua de grandes volúmenes de espuma, obteniendo materiales con alta porosidad, que oscila entre el 80 % y el 98 %, y densidades comprendidas entre 0,069 y 0,54 g/cm^3.

Desventajas

- Puede generar un gradiente de densidad y variaciones en el tamaño de los poros debido al arrastre ocasionado por la cinta transportadora. Asimismo, existe el riesgo de que las paredes de las celdas se vuelvan frágiles a causa de la presencia de partículas derivadas de los agentes empleados para aumentar la viscosidad.[18]

1.4.2. Adición de elementos gasificantes

Este método permite la generación de espuma en metales líquidos directamente en el sitio de producción. A diferencia del procedimiento previamente descrito, esta técnica se fundamenta en la creación de espumas a partir de una mezcla compuesta por una aleación fundida y un agente gasificante. Este último libera el gas necesario a través de una reacción química, generando burbujas que conforman la estructura final del material.

En este proceso, el metal se funde por completo, manteniendo esta fundición a una temperatura por encima del punto de fusión (Figura 17).[18] A continuación, A continuación, se incorpora un elemento para incrementar la viscosidad, como el calcio en una proporción del 1,5 % al 3 % en masa para espumas de aluminio. La mezcla se agita hasta alcanzar la viscosidad deseada, tras lo cual se añade el agente espumante.

Para las espumas de aluminio, el hidruro de titanio (TiH_2) es el agente más utilizado, ya que, al reaccionar con el metal fundido viscoso, libera hidrógeno. Tras la adición del agente gasificante, la espuma se forma debido a la expansión generada por la liberación de gases, asegurando una presión constante durante el proceso. Finalmente, la espuma obtenida se enfría, se somete a procesamiento y adquiere la forma final deseada.

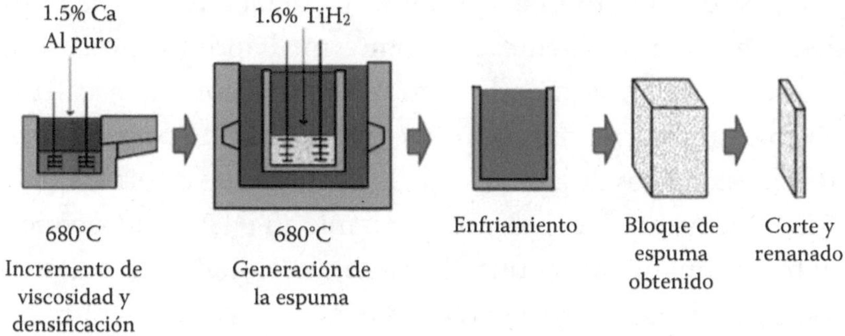

Figura 17. *Proceso de fabricación de espumas con agente gasificante*[18]

Ventajas

- Obtención de espumas homogéneas. Sin embargo, se requiere de un control en extremo preciso de los parámetros de fabricación.
- Generación de espumas con gran porosidad y densidades entre 0,18 g/cm^3 y 0,24 g/cm^3.
- Posibilidad de producir espumas de distintas aleaciones.

Desventajas

- Mayor costo de producción respecto al método de inyección de gas.
- La dificultad en el manejo del agente gasificante de TiH_2[18] puede provocar descontrol en el proceso, con la consecuente formación de defectos; por ejemplo, la aparición de un gradiente de densidad.[18]

1.4.3. Sinterizado de polvos

Este método emplea un mecanismo de formación de espumas similar al descrito anteriormente, pero se diferencia en que el metal se presenta en forma de polvo y la reacción de gasificación tiene lugar en estado sólido.

El procedimiento inicia con la compactación del polvo metálico junto con el agente gasificante mediante un proceso de extrusión. Luego, la mezcla compactada se somete a calentamiento en un horno durante el tiempo requerido para que ocurran las reacciones de gasificación, lo que permite la formación de la espuma. Aunque el hidruro de titanio (TiH_2) sigue siendo el agente espumante más utilizado, se han explorado otras alternativas, como el carbonato de calcio ($CaCO_3$), para su aplicación en este proceso.[35]

Existe una variante de este procedimiento en la que la mezcla de metal y agente gasificante se presenta en forma de polvo, pero la reacción de gasificación ocurre en estado líquido. En este caso, la formación de espumas se produce por la liberación de gases a alta temperatura dentro del metal fundido.

El uso de la mezcla inicial en polvo tiene como finalidad lograr una distribución más homogénea de las partículas del agente gasificante dentro de la matriz metálica, lo que ayuda a prevenir la formación de porosidad residual entre estos elementos. Si esta porosidad no se elimina, podría afectar la estructura final de la espuma. En ambas versiones del método, es posible realizar operaciones complementarias, como conformado, moldeado o corte, antes de la generación de la espuma (Figura 18).

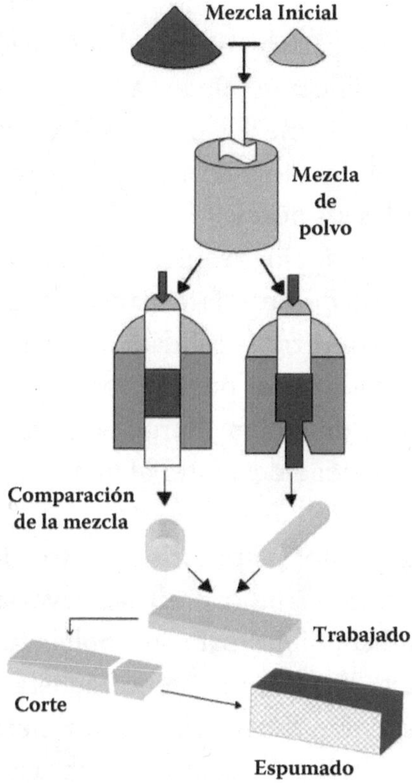

Figura 18. *Diagrama del proceso de fabricación por polvos*[18]

Ventajas

- Alta porosidad: permite la generación de espumas con una estructura altamente porosa.
- Piezas moldeadas y geometrías complejas: facilita la fabricación de componentes con formas geométricas diversas y detalladas.
- Compatibilidad con diversas aleaciones: puede emplearse con diferentes tipos de aleaciones, lo que amplía su rango de aplicaciones.

Desventajas

- Dispersión de partículas: una distribución inadecuada del agente gasificante puede causar problemas durante la extrusión de la mezcla de polvos, así como fragilidad en la espuma debido a la acumulación de partículas en las de paredes los poros.[18,34]
- Control del proceso: requiere un control extremadamente preciso durante la expansión del agente gasificante para garantizar la calidad de la espuma.
- Formación de óxidos: puede presentarse la formación de óxidos que dificulten el proceso de sinterizado, afectando la integridad del material final.

Los procesos descritos anteriormente son los principales que han sido objeto de estudio y, en la mayoría de los casos, actualmente están disponibles para su implementación en preproducciones industriales. Naturalmente, además de estos, existen otros métodos, como la fabricación por electrodeposición, la deposición de vapor, la formación mediante la aplicación del material en rocío (*spray*), así como otras variantes de estado sólido y sinterizado.

En los primeros métodos, como la inyección de gas y el uso de agentes espumantes, es posible producir espumas con parámetros controlados. No obstante, estos procesos presentan defectos, como la formación de gradientes en el tamaño de los poros o la acumulación de compuestos en las paredes de las celdas, entre otros.

Además, ninguno de estos métodos permite un control directo y preciso sobre el tamaño de las celdas ni el grado de interconectividad entre ellas. Estas mismas limitaciones también se observan en otros métodos, como la formación por rocío.

En los métodos de electrodepositación y deposición de vapor, es posible controlar los parámetros microestructurales con mayor precisión. No obstante, esta ventaja se ve contrarrestada por un incremento significativo en los costos de producción.[18] Por estos motivos, autores como Despois, Mortensen, Goodall, Huo y Palmer[33,35-37] han propuesto, mediante distintas variantes, a los métodos de infiltración como una solución muy factible para la fabricación de espumas, pues permiten mayor y una producción de espumas con variedad de geometrías a un menor costo.

1.4.4. Infiltración

Los procesos de infiltración empleados en la fabricación de espumas metálicas tienen su origen en las técnicas utilizadas para la producción de compuestos de matriz metálica (MMC, por sus siglas en inglés). Estos métodos ofrecen una opción viable para superar las limitaciones de otros procedimientos de fabricación, ya que posibilitan la producción de espumas metálicas a partir de materiales como aluminio, zinc y magnesio.

Además, permiten alcanzar niveles de porosidad de hasta un 80 %, manteniendo un control adecuado sobre el tamaño de los poros y la microestructura del material (Figura 19).[18] También evita gran parte de los inconvenientes de los otros métodos, como la fragilidad de las espumas por precipitados de fases secundarias en sus paredes (al no requerir la adición de agentes gasificantes o elevadores de viscosidad), gradientes de tamaño de poro, dificultad de procesamiento, entre otros.

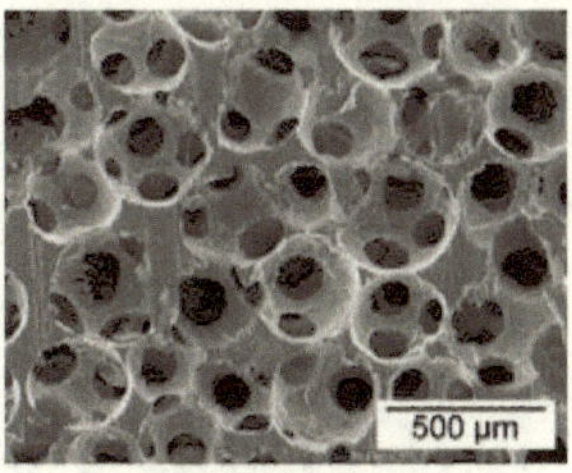

Figura 19. *Imagen de microscopia electrónica de barrido (MEB) de la microestructura porosa de una espuma fabricada por replicación con preforma de partículas esféricas*[36]

El mecanismo fundamental del proceso de infiltración se basa en la introducción o infiltración de un metal fundido a través de un conjunto de partículas conocido como preforma.[18,37,38] Este proceso da lugar a un compuesto de metal y partículas, las cuales se eliminan posteriormente para obtener la espuma metálica.

Debido a la utilización de un conjunto de partículas para crear la estructura porosa, estos métodos también se denominan procesos de replicación, ya que la porosidad obtenida actúa como una réplica negativa de la preforma empleada (Figura 20).

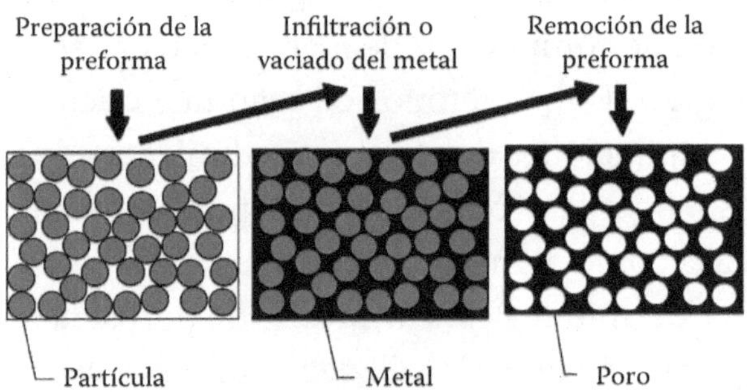

Figura 20. *Concepto del proceso de replicación o fabricación por preforma*[18]

La fabricación de espumas metálicas a través del proceso de infiltración puede incluir varias etapas para lograr el producto final, ya que es necesario un control estricto de diversos parámetros. Como consecuencia, pueden presentarse variaciones notables entre los diferentes procesos de infiltración. Sin embargo, a pesar de estas diferencias, todos los procesos de infiltración pueden clasificarse en cuatro etapas principales, que se detallan a continuación:

1. **Ensamble y preparación de la preforma:** en esta parte se realiza la fabricación de la preforma, y se puede abarcar incluso la elaboración o peletización de las partículas

que la conforman. Esta fase incluye la definición de parámetros como tamaño, tipo de partícula y grado de compactación, así como la aplicación de adhesivos o recubrimientos[41,16] para mejorar el desempeño de la infiltración. La selección adecuada de estos parámetros es de interés, pues influirán directa o indirectamente en la densidad de la espuma.

Por lo general, esta etapa finaliza con los tratamientos térmicos para su óptimo desempeño durante el proceso.[36,37,39,42] Las propiedades estructurales y mecánicas de las espumas obtenidas mediante el método de replicación dependen en gran medida de la estructura de la preforma. Así, para modificar parámetros como la densidad o la porosidad, será necesario hacer cambios en la fabricación de la preforma.

Por ejemplo, para conseguir una estructura más porosa u otra con mayor tamaño de poro, se requerirá de mayor compresión de la preforma o el uso de partículas más grandes,[39] aunque también es posible modificar los parámetros de infiltración de metal para este fin; en gran medida, se depende más de la preforma.

2. **Fundición de metal**: la etapa de fundición consiste en calentar un metal por encima de su punto de fusión, alcanzando lo que se conoce como temperatura de infiltración. Según el proceso específico, esta fase puede realizarse junto con la preforma o de forma independiente. Generalmente, esta etapa requiere el diseño y desarrollo de equipos especializados que minimicen la pérdida de calor del metal líquido y optimicen la transferencia de calor entre el metal y las superficies con las que entra en contacto. Este aspecto se detallará más adelante. No existe una regla universal para seleccionar los parámetros, por lo que siempre se requieren experimentos para definir

la temperatura y el tiempo.[42] También se puede realizar empleando una atmósfera de vacío.[36]

3. **Infiltración del metal**: consiste en la inyección del metal a través de la preforma empleando siempre algún medio mecánico o la inyección de algún gas,[43] esto ocurre porque el metal líquido, al entrar en contacto con las partículas, forma un ángulo de contacto superior a 90°, lo que provoca que los efectos de la tensión superficial impidan que el metal «moje» las partículas, dificultando su avance a través de la preforma. Debido a estos factores, así como a otras variables y fenómenos involucrados, esta fase es la más compleja del proceso.

   Para evitar la aparición de defectos en las espumas, es crucial un control minucioso de parámetros como la presión, el tiempo de inyección, la transferencia de calor entre la preforma y el metal, el tipo de crisol, entre otros. Esta etapa concluye con el enfriamiento del conjunto, el cual, en muchos casos, se realiza de forma dirigida, es decir, de manera controlada para garantizar la calidad y las propiedades deseadas de la espuma metálica.[38,41,43,44]
4. **Eliminación de la preforma:** esta fase consiste en la eliminación de las partículas restantes en la preforma que quedaron atrapadas en el compuesto fabricado. Su eliminación puede ocurrir mediante la disolución de los elementos de la preforma[34,41,45] en alguna solución de agua-ácido o mediante la aplicación de algún tratamiento térmico. Este proceso es fundamental para lograr la estructura final de la espuma metálica, ya que la eliminación de las partículas no deseadas asegura que la porosidad y las propiedades del material sean las correctas.

Las operaciones de maquinado para generar probetas y/o productos no se consideran como parte de las etapas de cada proceso, ya que dependen directamente de la aplicación o fin establecido para las espumas producidas.[18] Además de lo anterior, existen otros parámetros experimentales que pueden influir en la producción de espumas metálicas, los cuales a continuación se mencionan de manera detallada:

a. Infiltración del metal

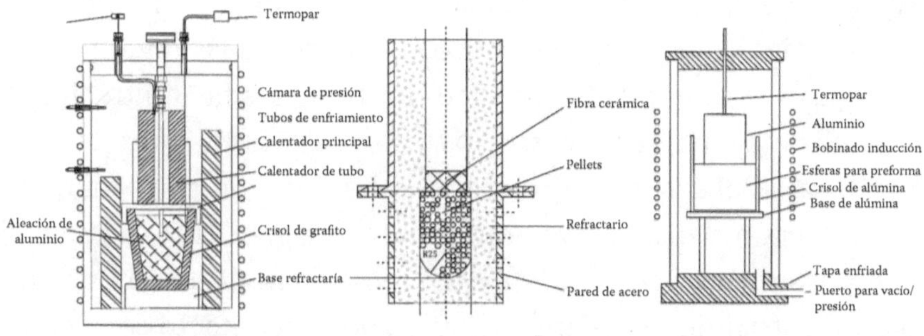

Figura 21. *Distintos dispositivos para la fabricación de espumas por infiltración; se indican los elementos más importantes*[38,41,45]

Como se puede apreciar en la Figura 21, hay diversas variantes para producir espumas metálicas mediante infiltración. Las principales modificaciones incluyen el diseño del crisol o recipiente contenedor, la dirección en que se alimenta el metal hacia la preforma, el método de calentamiento empleado y el mecanismo o dispositivo impulsor utilizado para conseguir la infiltración del metal en la preforma.

Existen varias variables clave que deben analizarse con cuidado para el diseño e implementación de un proceso de infiltración. Estas variables deben estudiarse a fondo para asegurar que el proceso se realice de forma adecuada y eficiente, evitando la aparición de defectos en las espumas.[38,46] Estos criterios o condiciones se explican a continuación.

a.1. Transferencia de calor

La transferencia de calor es un factor fundamental en el proceso de infiltración, ya que afecta directamente las características microestructurales y asegura una infiltración adecuada del metal en la preforma.

Básicamente son tres las regiones donde ocurrirá la transferencia de calor: la interfaz crisol-metal líquido, crisol o precámara con la preforma y metal líquido-preforma. Por lo tanto, los dispositivos calentadores y contenedores utilizados deben conseguir con rapidez un equilibrio térmico en casi todas las regiones,[43,45] aunque esto no es posible en todos los procesos de infiltración.

En la mayoría de los casos, los principales gradientes de temperatura se observan entre el metal líquido y la preforma, variando según el dispositivo empleado. Estos gradientes afectan el comportamiento del denominado frente de infiltración que, debido al enfriamiento del metal líquido por su contacto con la preforma, tiende a perder temperatura. Este enfriamiento da lugar a una región semisólida en el frente de infiltración, lo que puede impactar la eficiencia y calidad del proceso de infiltración.[43]

Las diferencias de temperatura significativas entre la preforma y el metal líquido darán lugar a frentes de infiltración que, a medida que avanzan, generan una mayor cantidad de material semisólido. Si la temperatura de fundición no es lo suficientemente alta, no se dispondrá de la energía necesaria para lograr la refusión del semisólido remanente.

Esto puede provocar una infiltración deficiente, lo que afectaría negativamente la calidad de la espuma metálica producida,[43] como se puede observar en la Figura 22, del estudio realizado por Berchem,[41] donde puede observarse el comportamiento de la temperatura, empleando distintas temperaturas de fusión. El comportamiento más adecuado se observa cuando, en cada una de las curvas de temperatura, se experimenta un incremento posterior a la generación del calor latente de fusión (meseta a temperatura constante).

Este fenómeno indica que el frente de infiltración puede seguir avanzando a través de la preforma, lo que permite una infiltración más eficiente y asegura que el metal líquido continúe progresando sin formar una región semisólida excesiva que dificulte el proceso.

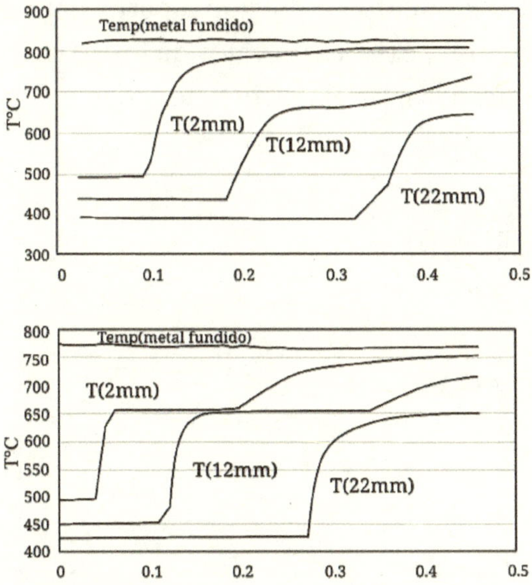

Figura 22. *Análisis térmico de un frente de infiltración, empleando distintas temperaturas de fusión del metal*[43]

Las características del ángulo de contacto y la tensión superficial del metal líquido impiden que este avance por sí solo a través de la preforma. Por lo tanto, se necesita una fuerza auxiliar para facilitar la infiltración, permitiendo que el metal fluya adecuadamente a través de los espacios de la preforma y complete el proceso de formación de la espuma metálica.[36,39,41,42]

Dada la resistencia generada por el ángulo de contacto entre el metal y las partículas de la preforma (tensión superficial), existirá un umbral de presión de infiltración.[41,42] Es decir, existirá un valor de presión a partir del cual comienzan a observarse los efectos de infiltración en la preforma. Este valor depende, naturalmente, de factores como la morfología, el tipo de partícula de la preforma y el metal a fundir. La presión aplicada debe ser suficiente para superar las fuerzas de tensión superficial y permitir que el metal fluya a través de la preforma de manera efectiva.[36,37,41,44]

A partir de este valor de presión, la densidad relativa, así como la longitud de infiltración, se incrementarán de manera proporcional al aumento de presión a partir del valor inicial del efecto; sin embargo, existirá un valor de presión a partir del cual ya no aumentarán las variables mencionadas.[36,44]

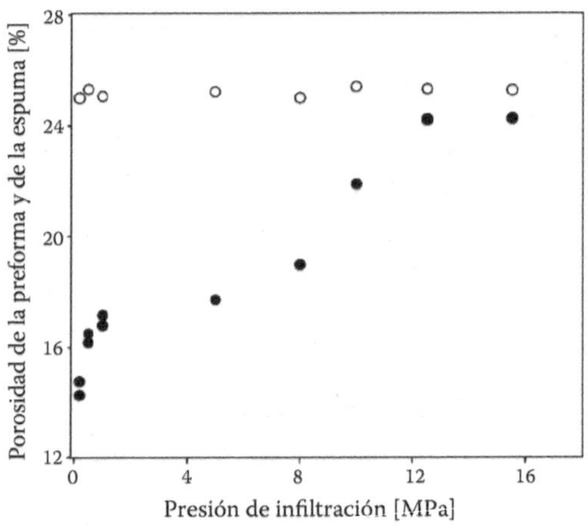

Figura 23. *Variación de la porosidad en función de la presión de infiltración, conforme esta se incrementa, la porosidad en la espuma tiende al valor de la generada en la preforma (señalada con esferas blancas)*[36]

Por lo tanto, la presión adecuada para infiltración se determina sobre todo de manera experimental. Berchem[41] ha mostrado una metodología y teoría para realizar el cálculo de este valor en función del tamaño de celda deseado (Figura 23). Aun así, los valores calculados son solo una aproximación, ya que las ecuaciones utilizadas no contemplan algunos efectos físicos, como la presolidificación.

Por lo tanto, este cálculo solo permite determinar el rango de presiones que se deben emplear durante los experimentos, con el fin de identificar la presión ideal para el proceso. En términos generales, para la mayoría de los procesos de infiltración (sin vacío), el rango de presión varía entre 25 y 275 KPa,[37,41] mientras que, para partículas del orden de milímetros puede alcanzar valores de presión de 1 a 2 MPa.

Por otro lado, el valor ideal de la presión dependerá del tipo de espuma que se desee obtener. Para producir espumas con poros o celdas cerradas, las altas presiones son más adecuadas, ya que favorecen la infiltración del metal alrededor de la mayoría de las partículas de la preforma, lo que permite obtener una estructura más densa y con celdas cerradas.

Sin embargo, un mayor grado de compresión de las partículas de la preforma, junto con una presión de infiltración suficientemente alta, también puede resultar en espumas con porosidad abierta y bordes de celda bien definidos.[36] Lo anterior, sumado a la variación del tipo de partícula utilizada, genera la presencia de un espacio entre partículas, creando celdas de tipo abierto (Figura 24).

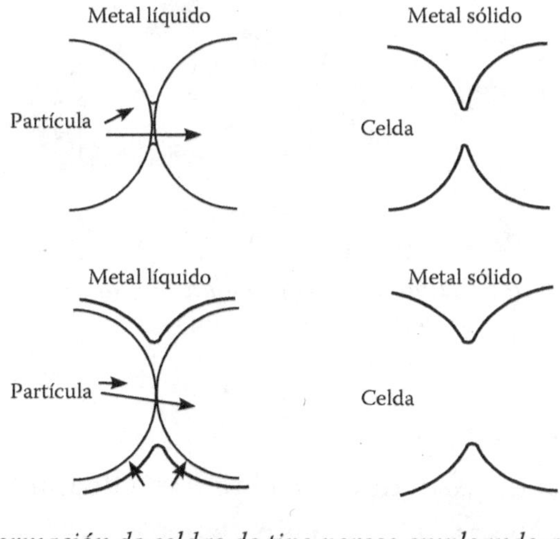

Figura 24. *Formación de celdas de tipo poroso empleando alta presión de infiltración, mediante la modificación del tipo de partícula y el nivel de compresión de la preforma*[42]

Por otro lado, una presión de infiltración baja generalmente causará defectos en la microestructura de las espumas. Esto se debe a que la infiltración del metal, si se llega a producir, solo ocurrirá en los espacios más grandes, lo que favorece la formación de porosidad no controlada que no contribuye a mejorar las propiedades de la espuma. Además, esta condición promueve la formación de bordes de celda no interconectados, lo que reduce, entre otros factores, la resistencia mecánica y el módulo elástico de la espuma (Figura 25.a).[36,38]

En contraparte, una excesiva presión de inyección puede lograr infiltrar todo el metal, incluso a través de los espacios más reducidos entre partículas. No obstante, aunque esto depende del tipo de partícula empleada, una presión excesiva tiende a infiltrarse a través de los defectos presentes en las partículas, como fracturas o porosidad. Esto puede dar lugar a la formación de defectos en las paredes de las celdas o la aparición de bordes interconectados no deseados (Figura 25.b).[36]

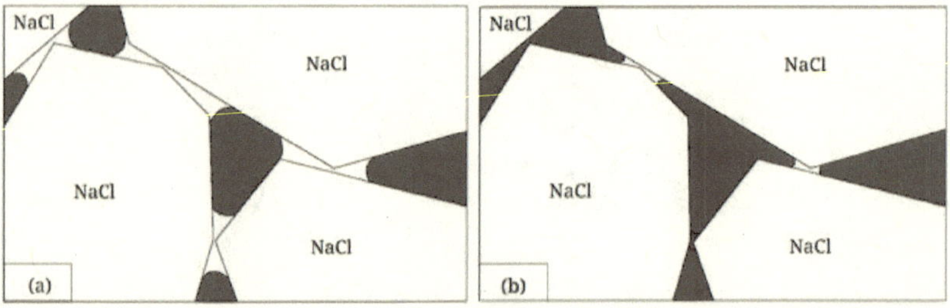

Figura 25. *Efectos de una baja (a) y una alta (b) presión de infiltración, en la formación de celdas de una espuma metálica*

a.2. Formación de gases

La generación de gases durante el proceso de fundición del metal puede dar lugar a la formación de porosidad no controlada;[41] esta es indeseable, ya que tiende a deteriorar las propiedades mecánicas de los componentes de material sólido de la espuma.

Este fenómeno puede deberse a la calcinación de componentes orgánicos de las partículas[40] o a la liberación de gas contenido en partículas huecas, aunque también puede deberse a defectos similares a los ocurridos en fundiciones, donde se han observado microrrechupes o porosidades.[38]

Por lo tanto, para prevenir la formación de porosidad causada por gases residuales, se emplean estrategias como la implementación de sistemas de ventilación, la generación de vacío y la solidificación direccionada.[37,38,43-45]

La generación de vacío antes y durante la fundición del metal es uno de los métodos más efectivos para asegurar la producción de espumas de alta calidad, además de prevenir la formación de óxidos en las paredes de las celdas. Asimismo, la solidificación juega un papel esencial, ya que ayuda a reducir la porosidad no deseada en las áreas críticas. Esto se logra mediante la colocación estratégica de materiales con alta conductividad térmica en puntos clave del crisol, o mediante un control preciso del desplazamiento de la fuente de calor a lo largo de este.[38,41,45]

a.3. Pérdidas de presión de inyección

Las pérdidas de presión dentro del crisol suelen provocar una infiltración incompleta y la aparición de defectos. Normalmente, estas pérdidas ocurren cuando se emplean crisoles porosos o cuando el sellado es deficiente, lo que provoca una disminución en la presión del gas y genera una distribución desigual de la misma,[38,41] por lo que se tiene una presión baja que no permite distribuir el metal a través de la preforma. Además, el aire y los gases presentes en el crisol actúan como elementos de resistencia, dificultando el proceso de infiltración del metal bajo presión.[36,38]

El empleo de dispositivos y juntas apropiados asegura un sellado hermético, mientras que la elección de crisoles fabricados con materiales no porosos previene fugas de presión. Asimismo, la creación de vacío durante las fases de fundición e infiltración ayuda a optimizar el efecto de la presión en el proceso de infiltración,[9] requiriéndose incluso presiones de inyección menores para conseguir una adecuada infiltración.

b. Tipo, morfología y tamaño de partícula y preparación de la preforma

Diversas investigaciones[18,33-42] han revisado los efectos de distintos tipos y características de partículas para la realización de espumas por infiltración, ya que, como se ha mencionado previamente, estos factores tienen un impacto significativo en la dinámica de los procesos de infiltración.

Los aspectos principales analizados no se limitan únicamente a la modificación del tamaño y la morfología de las partículas, sino que también incluyen su composición e incluso su rugosidad superficial. Este análisis abarca, además, el estudio de recubrimientos aplicados para modificar propiedades como la tensión superficial.[38,41,44] A continuación, se describen los tipos de partículas más investigadas recientemente.

b.3. Partículas sólidas

Estas partículas son el tipo principal utilizado en la fabricación de espumas mediante infiltración. Se les conoce comúnmente como elementos espaciadores, ya que son las encargadas de generar los espacios de porosidad dentro de la matriz metálica.[18] Estas partículas se utilizan exclusivamente en la fabricación de espumas con porosidad abierta, debido a que su interconexión facilita su eliminación del material final tras el proceso de infiltración.

Entre los principales factores que influyen en la selección de estas partículas se encuentran, entre otros, su facilidad de obtención, modificación o producción; la calidad superficial; la resistencia a la compresión y a altas temperaturas; así como la facilidad para ser eliminadas del compuesto final compuesto por la preforma y el metal.

A continuación, se describirán los principales tipos de partículas sólidas que han sido más estudiadas:[18,36-38,41-47]

- **Partículas de gel de sílice**: las partículas de gel de sílice, fabricadas comercialmente para distintas aplicaciones también han sido también propuestas para su aplicación como elementos espaciadores en la fabricación de espumas. Estas partículas presentan ventajas, como una morfología y tamaño altamente precisos, además de un punto de fusión elevado, lo cual es fundamental para la fabricación de espumas con metales de alto punto de fusión. También, en comparación con las partículas minerales, destacan por tener una menor rugosidad y menos defectos superficiales.[46]

  Sin embargo, su principal desventaja se encuentra en el proceso de disolución, que requiere el uso de soluciones con ácido fluorhídrico, lo cual supone un desafío en términos económicos, ambientales y de manejo seguro.
- **Partículas de cloruro de sodio (NaCl)**: están muy bien estudiadas, ya que pueden tener distintas geometrías (esferoidal o angular) y tamaños de hasta 400 μm[3,9] Su principal ventaja radica en su fácil eliminación del compuesto metal-preforma solo empleando agua.[33,39,40] No obstante, su principal desventaja radica en su tendencia a fracturarse durante la compresión de la preforma, especialmente cuando se emplean partículas de tamaño superior a 1 mm.[40]
- **Cenoesferas (*fly-ash*):** son partículas huecas de baja densidad con una pared de espesor definido. Se utilizan principalmente para la fabricación de compuestos de matriz metálica de aluminio.[44,45] En estos materiales, el principal objetivo es reducir la densidad y el peso, lo cual se consigue utilizando cenoesferas.

Estas, al ser huecas, disminuyen la cantidad de material sólido en un volumen dado. Debido a esta característica, las cenoesferas se han comenzado a utilizar en la fabricación de espumas metálicas de poro cerrado, donde la pared de cada celda está conformada por la pared de la cenoesfera.[38]

Uno de los métodos para obtenerlas es a partir de la conocida ceniza volante (*fly-ash*),[44] proveniente de la combustión de carbón en las plantas eléctricas industriales. Estas partículas residuales de ceniza volante se dividen en «precipitadores» y «cenoesferas», siendo la principal diferencia entre ellas su densidad, que es inferior en las cenoesferas debido a su estructura hueca. Por esta razón, se emplean métodos de flotación de partículas.[45]

Aunque también se producen por métodos comerciales para su uso en pinturas, adhesivos y materiales poliméricos compuestos.[38] Su composición es compleja, ya que está formada por diversos óxidos, como alúmina, óxido de silicio (sílice), óxido de hierro, entre otros.

- **Partículas de poliestireno**: el análisis de su uso en la fabricación de espumas metálicas se debe a que pueden eliminarse del compuesto resultante de la infiltración mediante la aplicación de un tratamiento térmico, evitando la necesidad de procesos de disolución posteriores. Esto constituye una ventaja considerable en la fabricación de espumas de celdas cerradas.

  Además, facilitan la deposición de componentes adhesivos, los cuales tienen como finalidad regular el tamaño de los canales entre los poros o el grado de porosidad abierta (en el caso de espumas con este tipo de estructura).[42]

b.4. Partículas obtenidas a partir de mezclas

Estas partículas se obtienen a través de la compactación (con un aglutinante) y la peletización de polvos o mezclas con compuestos específicos. Su principal ventaja radica en la facilidad para producir partículas de diversos tamaños y morfologías particulares, lo cual, como se mencionó anteriormente, se logra mediante procesos de peletización sencillos. Además, estas mezclas están formuladas de manera que las partículas puedan disolverse en agua, lo cual es un aspecto fundamental para garantizar una producción sostenible.

Por ejemplo, Goodall y Mortensen[40] han propuesto la fabricación a partir de un compuesto de harina de trigo, agua y NaCl. Esto facilita la generación de partículas de diferentes tamaños y morfologías, evitando la formación de fracturas gracias a la maleabilidad que ofrece el componente orgánico y las propiedades de la mezcla. No obstante, es necesario llevar a cabo más pruebas para determinar una composición óptima, ya que podrían surgir problemas relacionados con la solubilidad y la resistencia a la compresión de las partículas durante el proceso de infiltración del metal líquido.

Otro ejemplo es la propuesta de Berchem *et al.*,[41] que consiste en obtener partículas a partir de una mezcla de arena para moldes de fundición (principalmente compuesta de silicio) y una resina fenólica. Estas partículas pueden ser procesadas con facilidad mediante diversos métodos de peletización. Al igual que el compuesto base de NaCl, este enfoque combina materiales inorgánicos y orgánicos para alcanzar propiedades específicas, como maleabilidad y facilidad de procesamiento, aunque también es necesario realizar ajustes y pruebas adicionales para optimizar su composición y rendimiento. La disolución de estas partículas también puede lograrse utilizando agua.

Sin embargo, a altas temperaturas, estas partículas pueden presentar una resistencia reducida. En ambos casos, la composición elegida para la mezcla será un factor clave que influirá en el proceso de peletización, los tratamientos térmicos necesarios para el secado, la mejora de la resistencia a la compresión, las características superficiales de cada partícula, el grado de porosidad y la velocidad con la que la preforma se disuelve en agua. Por lo tanto, es fundamental optimizar la formulación de la mezcla para asegurar un equilibrio adecuado entre estas propiedades y el rendimiento del material bajo las condiciones deseadas.[40,41]

1.4.5. Particularidades de los métodos de fabricación

Los distintos métodos de fabricación se clasifican en directos e indirectos de acuerdo con el estado de la materia en el cual el metal es procesado. La diferencia radica en que los métodos indirectos requieren de un agente externo para producir los poros y los directos son el resultado de las transformaciones intrínsecas.[34]

Las espumas metálicas son fabricadas por distintos métodos. Estos son los más utilizados:

- Descomposición de partículas dentro de un semisólido.
- Solidificación eutéctica por reacción gas-metal.
- Solidificación en molde de poros abiertos Inyección de gas.
- Formación de espumas por agente espumante sólido.
- Depósito metálico a partir de un gas sobre una superficie porosa.
- Infiltración.
- Estructuras esféricas huecas utilizando un compuesto orgánico en fase acuosa.[51]
- Expansión de gas atrapado.

a. Inyección de gas

Debido a que los metales líquidos puros no forman espumas con facilidad, es necesario utilizar un agente que modifique la viscosidad del líquido y permita la formación de burbujas. La Figura 26 representa un modelo del sistema.

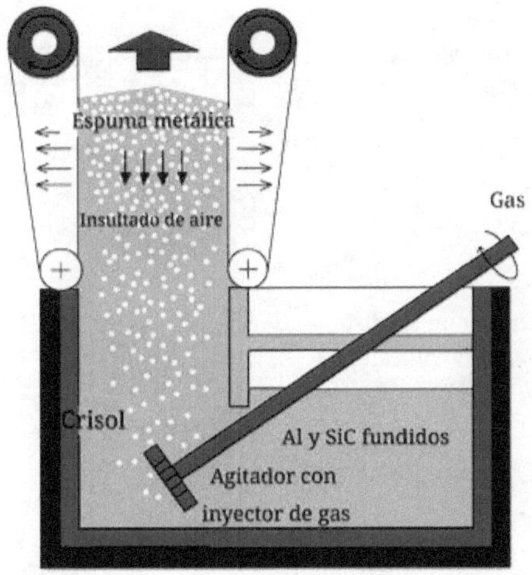

Figura 26. *Representación que describe el proceso de fabricación de espumas metálicas por el método de inyección de gas*[34]

b. Formación de espumas por agente espumante sólido

Las aleaciones metálicas tienen la capacidad de formar espumas si se les añade un agente espumante. Es debido a la reacción de descomposición del agente espumante que se generan las burbujas de gas que forman los poros. La Figura 27, muestra la secuencia de fabricación.

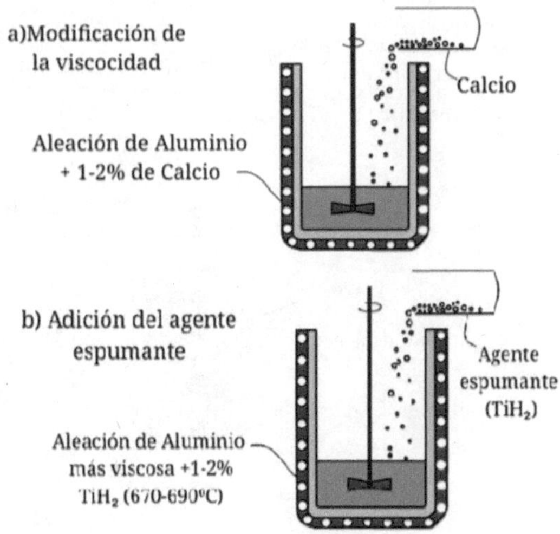

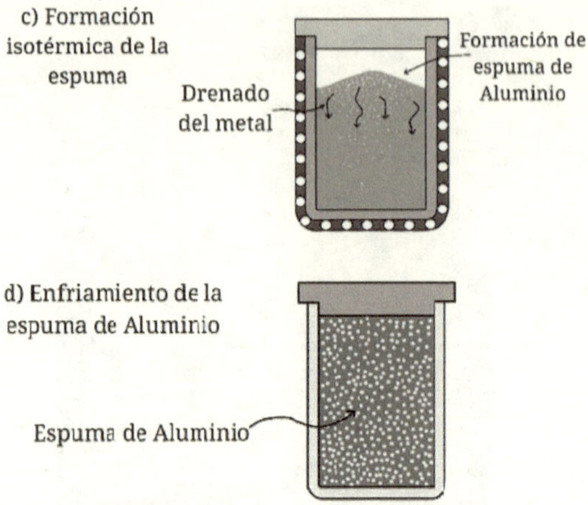

Figura 27. *Pasos del procedimiento utilizando una aleación de aluminio: (a) modificación de la viscosidad, (b) adición del agente espumante, (c) Formación isotérmica de la espuma, (d) enfriamiento de la espuma de aluminio*[34]

c. Descomposición de partículas dentro de un semisólido

Los agentes espumantes pueden ser introducidos en los metales en estado sólido mezclando y compactando los polvos. Cuando esto se ha realizado se hace un calentamiento que provoca la producción de gas que generará los poros dentro del metal. La Figura 28 ilustra el método de fabricación.[34]

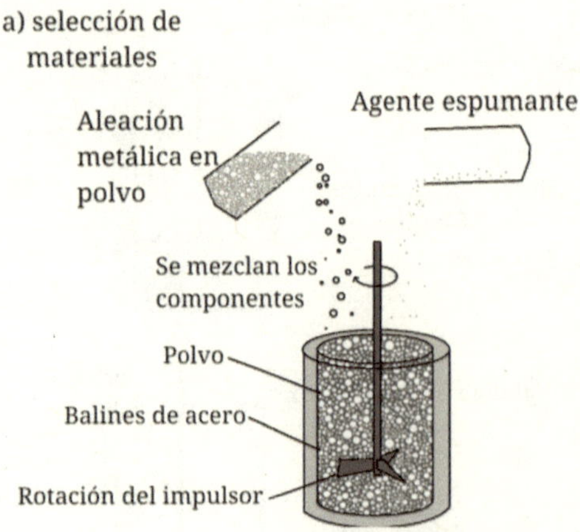

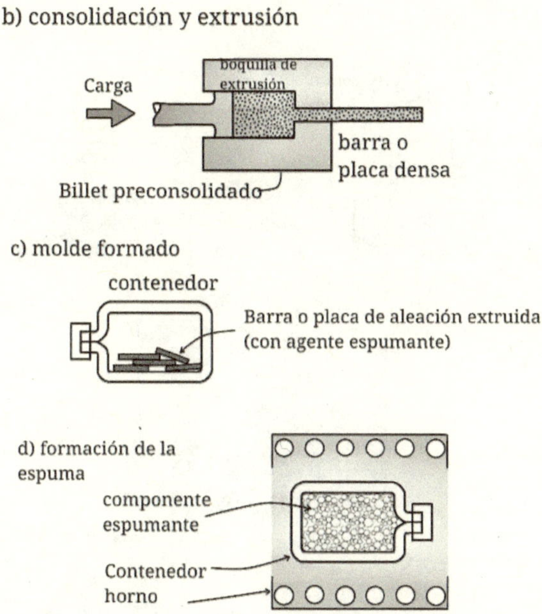

Figura 28. *Pasos del proceso de fabricación por descomposición de partículas en un semisólido: (a) selección de materiales, (b) consolidación y extrusión, (c) formación del molde y (d) formación de la espuma*[34]

d. Solidificación en molde de poros abiertos

Se pueden utilizar polímeros de poros abiertos con bajas densidades y con un amplio rango de tamaños de celdas de gran uniformidad. Pueden servir como moldes para obtener espumas con distintos tamaños y tipos de poros. La Figura 29 esquematiza el método de fabricación de espuma.

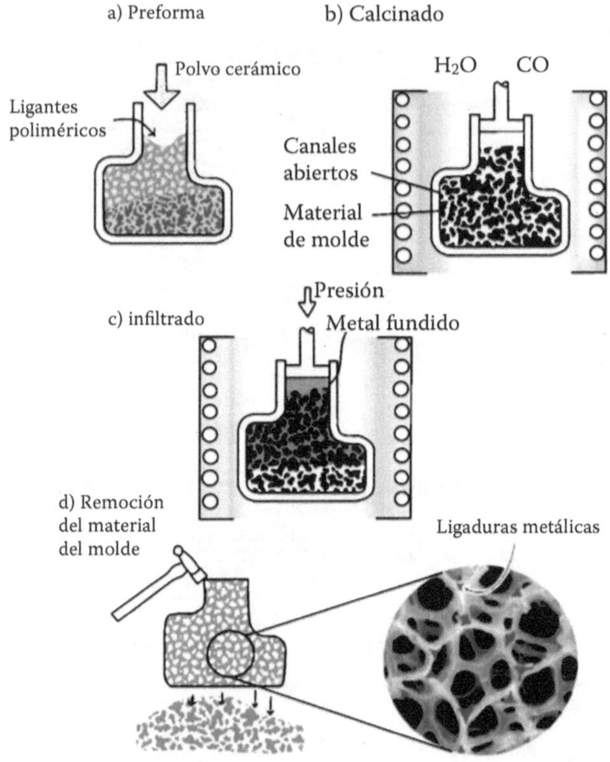

Figura 29. *Procedimiento para la obtención de espumas metálicas por solidificación en molde de poros abiertos: (a) preforma, (b) calcinado, (c) infiltrado y (d) remoción del molde*[34]

e. Depósito metálico a partir de un gas sobre una preforma porosa

Algunas espumas poliméricas pueden servir como moldes o preformas para la fabricación a partir de un depósito metálico, ya sea que se parta del método de depósito por vapor químico o electrodepósito. La Figura 30 muestra un esquema representativo del proceso y sus diferentes etapas.

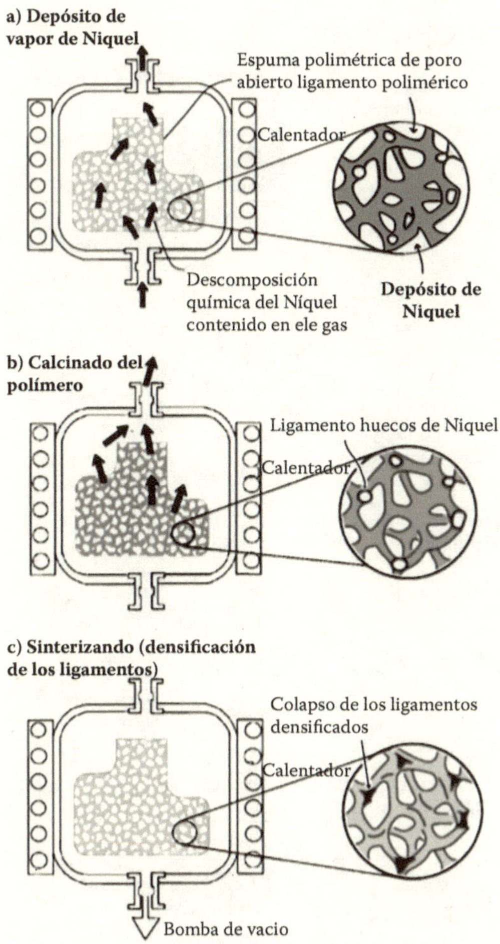

Figura 30. *Etapas del proceso partiendo desde (a) el depósito del gas sobre el molde polimérico, (b) pasando por el calcinado del molde y (c) hasta el sinterizado de la pieza*[34]

f. Expansión de gas atrapado

Por lo general se utilizan gases inertes, debido a su baja solubilidad, para proteger los metales de la oxidación. Esta técnica utiliza un gas inerte a elevadas presiones. Luego se calientan las piezas y el gas contenido se expande haciendo crecer el poro. La Figura 31 muestra el procedimiento involucrado para este método de fabricación.

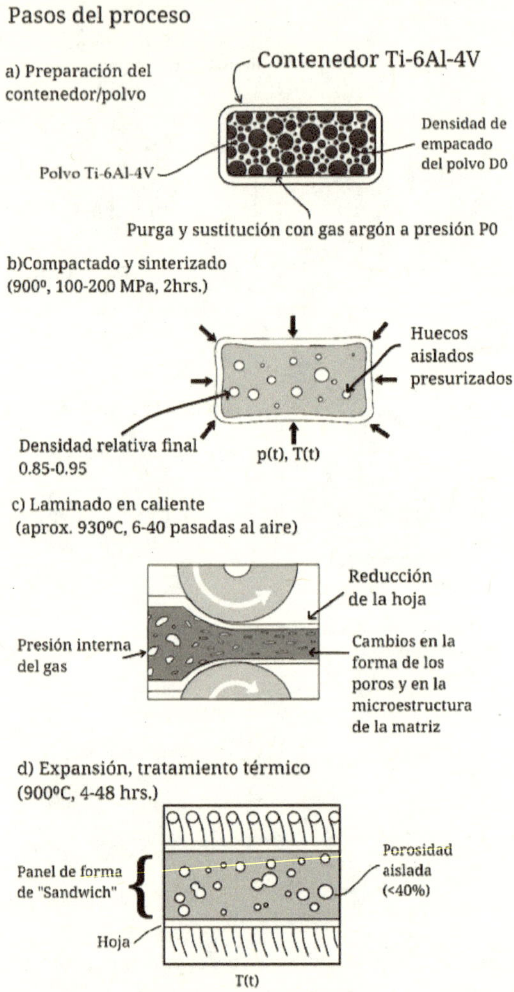

Figura 31. *Pasos de la fabricación de espumas por el método de expansión de gas atrapado: (a) preparación del contenedor y del polvo, (b) compactación y sinterizado, (c), laminación en caliente y (d) expansión y tratamiento térmico*[34]

g. Estructuras esféricas huecas utilizando un compuesto orgánico en fase acuosa

Se crean esferas a partir de un compuesto viscoso formado por hidruro metálico, un compuesto orgánico y un solvente. Aunado a esto, se inyecta un gas para generar una burbuja, que dará lugar a la forma «esférica». Una vez obtenidas las esferas en «verde», se exponen para remover el compuesto orgánico y el solvente. Luego se les aplica una etapa de sinterizado para propiciar la reacción química del hidruro metálico y unificar las moléculas del metal. En la Figura 32 se puede observar un esquema del proceso.

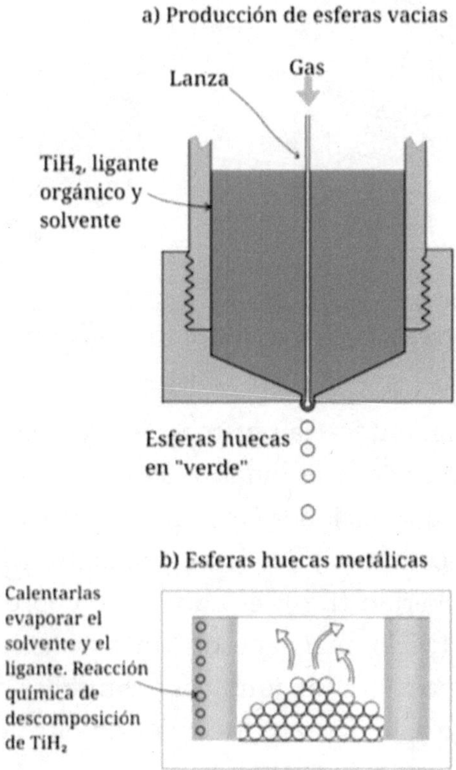

Figura 32. *Pasos de la fabricación de espumas con un compuesto orgánico en fase acuosa: (a) producción de las esferas huecas, (b) reacción y obtención de las esferas metálicas para su posterior aglomeración*[34]

h. Infiltración

Dos polvos son mezclados y compactados para formar una conexión doble de los materiales en la que ambas fases tienen diferentes propiedades físicas. La aleación se funde y se cuela sobre el compuesto lixiviable. Una vez que todo se ha solidificado se utiliza un solvente para retirar el compuesto de sacrificio. A continuación, se muestra el esquema del proceso (Figura 33).

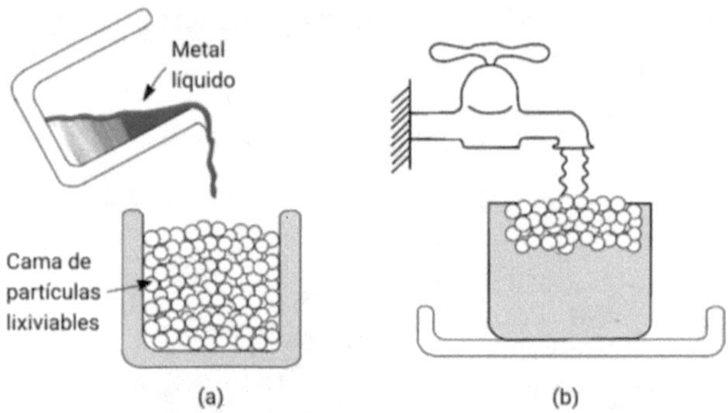

Figura 33. *Los pasos que se llevan a cabo durante la obtención de espumas por el método de infiltración*[34]

i. Solidificación eutéctica por reacción gas-metal

Muchos diagramas de fases binarios aleación metálica-hidrógeno exhiben transformaciones eutécticas. Entre los sistemas que presentan este comportamiento se encuentran los siguientes: aluminio (Al-), berilio (Be-), cromo (Cr-), cobre (Cu-), hierro (Fe), magnesio (Mg-), manganeso (Mn-) y aleaciones base níquel (Ni). Las aleaciones son fundidas y saturadas con hidrogeno a presión y luego solidificadas direccionalmente de manera progresiva por reducción de presión.

Durante la solidificación, el metal sólido y el hidrógeno forman de manera simultánea una reacción gas-eutéctica, un material poroso que contiene hidrógeno dentro de los recién formados poros. Estos materiales son conocidos por sus siglas en inglés como GASAR o GASARITE. Puede verse un esquema del proceso en la Figura 34.[4]

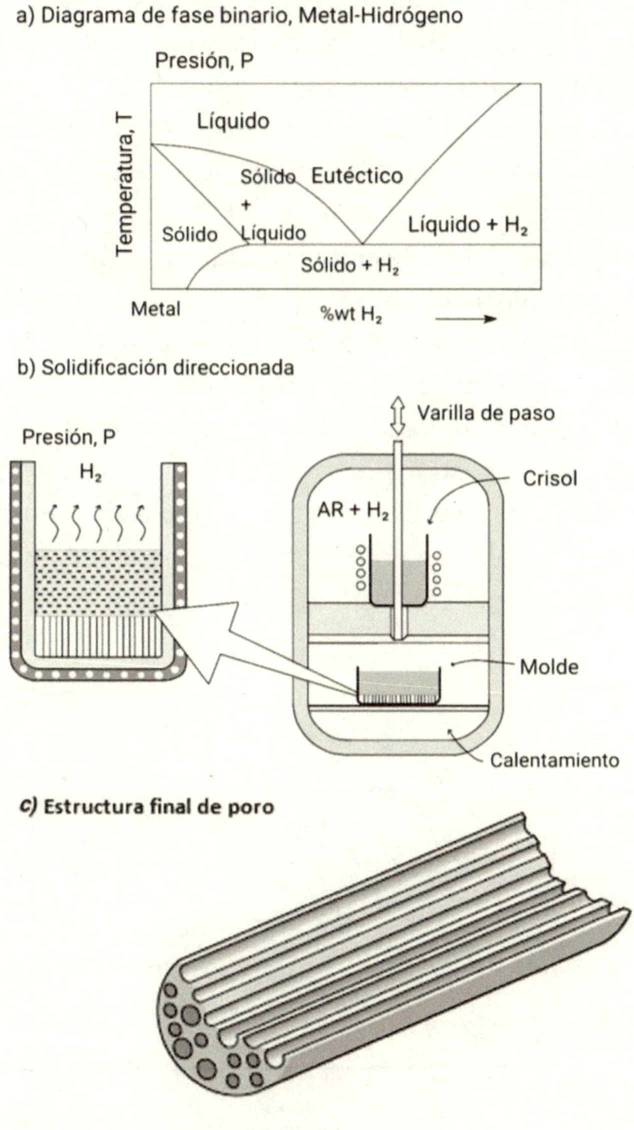

Figura 34. *Esquema del proceso de fabricación por el método de solidificación de una fase eutéctica en presencia de un gas. (a) Se parte del estudio del diagrama de fases del sistema y su interacción con* H_2*, (b) luego se realiza la fusión y se solidifica direccionalmente (c) hasta obtener la estructura de poros deseada*[34]

1.4.6. Campo de aplicación de las espumas metálicas

Como ya se ha mencionado, las espumas metálicas, por ser materiales de tipo celular, presentan un conjunto de propiedades y características de gran interés para diversas aplicaciones ingenieriles, tales como propiedades mecánicas, térmicas, eléctricas y acústicas.

Las propiedades de las espumas metálicas dependen, en gran medida, de su densidad, así como del tamaño, la distribución y la morfología de sus poros. Por lo tanto, el tipo de porosidad (el cual está relacionado de forma directa con la distribución del material sólido alrededor del mismo e indirectamente con la cantidad de poros, su forma y tamaño) es uno de los factores determinantes para su utilidad en alguna aplicación. En la Figura 35 se presenta la relación entre el tipo de porosidad de las espumas y las aplicaciones correspondientes.

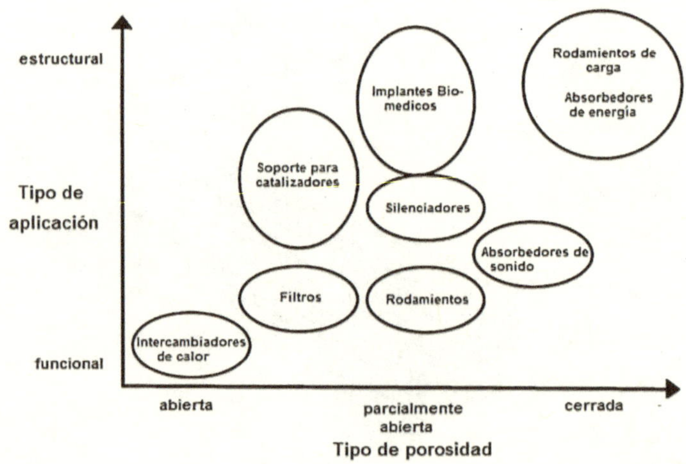

Figura 35. *Diagrama de relación entre tipo de porosidad y de aplicación de las espumas metálicas*[18]

Por lo tanto, el control de la porosidad durante la fabricación de una espuma es un aspecto fundamental, ya que el proceso empleado deberá garantizar, sobre todo, la homogeneidad de los parámetros de la estructura porosa, de manera que las propiedades tengan un comportamiento muy isotrópico.

Las aplicaciones potenciales para las espumas metálicas van desde la fabricación de filtros y soportes de catalizadores (debido a que pueden ofrecer una gran interfaz de área superficial) con espumas de celda abierta, hasta la fabricación de paneles y otros componentes estructurales para industria automotriz y aeronáutica; esto último con espumas de celda cerrada.[18] No obstante, en la fabricación de estos últimos componentes se han hecho estudios para el empleo de ambos tipos de celda.[18,37,40,48,49]

1.4.7. Aplicaciones estructurales

En la industria automotriz, la aplicación de las espumas metálicas —principalmente de aluminio— se enfoca en los siguientes rubros: componentes para construcción ligera, absorción de impactos y como elementos para reducción de ruido y control de calor.

En el primer caso, el factor más crítico es la obtención de la relación más alta de rigidez con respecto a la masa del componente; lo cual permite asegurar la reducción de peso sin afectar la estructura del vehículo. Empleando espumas metálicas, esto se consigue por medio de la construcción de paneles compuestos de una estructura porosa central, rodeada por dos paneles sólidos, creando una estructura tipo sándwich, como se observa en la Figura 36.

Para estos componentes es necesaria la realización de un diseño a fin de definir el espesor de las placas y la densidad de la espuma requerida para obtener una elevada rigidez manteniendo un bajo peso.

Por ejemplo, para un componente poroso con una quinta parte de material sólido respecto al mismo componente, pero fabricado por completo de material sólido, se predice que presentará una rigidez cinco veces mayor. Naturalmente, conforme mejores sean las espumas y menores defectos posean puede esperarse mayor rigidez y módulo elástico.

Por este motivo, el uso de espumas metálicas en paneles estructurales debe competir con estructuras convencionales, con una distribución de masa optimizada y ser fabricadas por modelamiento en 3D. Sin embargo, las espumas son una alternativa contundente debido a que son más fáciles de manufacturar, además de que son más robustas y resistentes a los daños.[18]

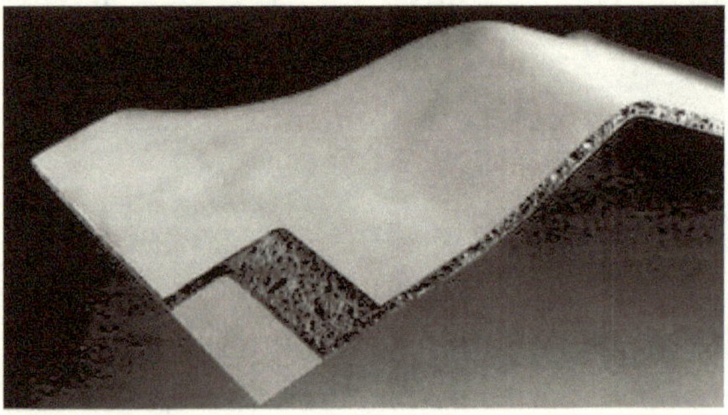

Figura 36. *Panel estructural tipo sándwich con núcleo constituido por una espuma metálica de aluminio y rodeado por una hoja de aluminio sólido*[18]

Componentes para absorción de energía

La absorción de energía es un importante campo de aplicación para las espumas metálicas, debido a que se considera que estas pueden alcanzar un amplio rango de deformación a un régimen de esfuerzo prácticamente constante (un aspecto crucial para los componentes de absorción de energía).

Dependiendo de la zona de deformación donde se encuentren (diseñadas en función de la velocidad del impacto); los componentes para absorción de energía deben cumplir con las siguientes características:

- Comportamiento cuasirrectangular de la curva esfuerzo-deformación (largas deformaciones a un esfuerzo cuasi constante) presentando fluencia y endurecimiento solo después de que el esfuerzo permisible haya sido alcanzado.

- Alta capacidad de absorción de energía por volumen o por unidad de masa (eficiencia de absorción).
- Capacidad de absorción isotrópica, de manera que el componente absorba la misma cantidad de energía sin importar la dirección del impacto.

Dentro de las investigaciones realizadas, se ha encontrado que las espumas homogéneas de aluminio pueden presentar propiedades de absorción adecuadas, ya que suelen tener elevadas deformaciones sin incremento del esfuerzo (régimen de deformación a esfuerzo cuasiconstante o *plateau* largo); aunque llegan a presentar un incremento residual de la pendiente de la curva esfuerzo-deformación.

Por lo general su comportamiento es isotrópico, a menos que el método de fabricación genere anisotropía.[18] La mayoría de estas aplicaciones emplea paneles densos para rodear el núcleo de tipo celular, ya que además de mejorar la resistencia a la corrosión aumentan la capacidad de absorción de energía. Estos componentes pueden emplearse en estructuras que se someten a cargas axiales, como por ejemplo los postes de carga usados en los automóviles.[18]

En el campo aeronáutico, las aplicaciones estructurales son muy similares a las ya mostradas para la industria automotriz, donde el objetivo principal es la sustitución de costosas estructuras tipo *honeycomb* (tipo panal) por paneles de espumas de aluminio, manteniendo el desempeño de la estructura y disminuyendo su costo.

Otra ventaja de estos paneles es que permiten dar soporte para la construcción de *composites* (material compuesto) sin tener que recurrir a aglutinantes para su formación. Además, pueden ser construidos en complejas formas 3D, a diferencia de las estructuras tipo *honeycomb*, que solo están disponibles de formas planas. Dichas estructuras con espumas metálicas, además del aluminio, pueden estar constituidas por otras aleaciones base titanio o base magnesio.

Otras aplicaciones potenciales son la construcción de componentes estructurales para turbinas (mejorando la rigidez y el amortiguamiento de vibraciones) así como la construcción de sellos entre etapas de motor.[18]

1.4.8. Control de ruido

A pesar de que este campo se centra en las espumas poliméricas, existe un gran potencial para el uso de las metálicas para el control de ruido, esto debido a que su capacidad para absorber vibraciones también impide la transmisión de ondas de sonido. A su vez, dado su menor módulo elástico con respecto a un sólido, la frecuencia de resonancia de la estructura o el cuerpo se mueve hacia valores bajos; además, la superficie de la espuma (sobre todo espumas interconectadas por pequeños canales) tiende a provocar una interferencia destructiva que atenúa a la onda resonante donde sea que la estructura no esté cerrada por completo (para espumas con tamaño de celda en el orden de milímetros, esta característica se presenta solo a altas frecuencias).

1.4.9. Aislamiento acústico y térmico

El aislamiento acústico y térmico es un gran campo de aplicación en la industria automotriz, ya que los componentes utilizados para estos fines deben ser resistentes al calor y soportarse a sí mismos. En este rubro, las espumas metálicas de aluminio no son consideradas como aislantes acústicos muy eficientes, pero ofrecen un desempeño suficiente, además, son resistentes al calor de la aplicación («paredes de fuego» en el compartimiento del motor de un automóvil) y se soportan a sí mismas sin la ayuda de un sujetador.

Las espumas denominadas como ALPORAS (espumas de aluminio de celda cerrada, fabricadas de manera comercial por gasificación directa) son empleadas para el aislamiento acústico en las carreteras de Japón.[18]

Segunda parte
Introducción

1. Introducción

A partir de la década de 1950 se empezaron a producir los primeros materiales porosos.[48] Desde entonces se propuso un nuevo tipo de material al que se denominó como espumas metálicas, que se caracterizan por tener propiedades muy particulares debido a que se unen las características de los materiales porosos con las propiedades intrínsecas de los materiales metálicos para conseguir propiedades inigualables e inexistentes, iniciando una nueva línea de investigación en la rama de los materiales.

A comienzos de la década de 1980 se plantearon y optimizaron nuevos métodos para la producción de espumas metálicas, lo cual fue visto con buenos ojos por la rama industrial que llevó a la producción en serie de estos materiales. Por esta razón —la unión de propiedades derivadas del comportamiento metálico y de la estructura celular que poseen—, las espumas metálicas son materiales de mucho interés.[18]

A causa de la cantidad de formas, tipos y métodos de obtención desarrollados hasta la actualidad, se han presentado interrogantes y confusiones en su clasificación. Por esta razón, Banhart propuso las siguientes categorías:[18]

- **Metales celulares:** alude a los cuerpos metálicos con huecos, donde los espacios cerrados de una fase gaseosa son divididos por la fase metálica.
- **Metales porosos:** se refiere a un metal celular que se limita al tipo de hueco en el que los poros por lo general son redondos y están aislados unos de los otros.
- **Espumas metálicas de poro cerrado:** son una clase especial de los metales celulares producidos por inyección

de gas inerte o agente de expansión. Se encontrarán los poros cerrados, redondeados o poliédricos separados entre sí por medio de una capa delgada.

- **Espumas metálicas de poro abierto:** tienen la morfología de un metal celular, pero con interconexión entre las cavidades.

Conforme a lo anterior, el tipo de interconexión entre los poros es en extremo importante puesto que se relaciona ampliamente con las propiedades finales. Debido a esto, es posible clasificar a los materiales porosos por el tipo de interconexión que muestran, que puede ser abierta o cerrada.

En la interconexión abierta, los poros cuentan con una comunicación entre ellos, a diferencia de la cerrada, en la que los poros no presentan dicha interconexión y por ello se encuentran aislados, aunque presentan valores más altos en el módulo de Young, la resistencia máxima y la adsorción de energía al impacto con respecto al tipo de poro abierto.

2. Propiedades mecánicas, comportamiento y mecanismos de deformación en espumas metálicas

2.1. Comportamiento a compresión de las espumas metálicas y mecanismos para deformación

El comportamiento de compresión de las espumas metálicas es de gran interés por la gran cantidad de energía que estas pueden absorber a un esfuerzo constante,[18,48-50] lo que es resultado de su estructura de tipo celular. Este comportamiento específico convierte a las espumas metálicas en materiales muy útiles para aplicaciones que requieran componentes de bajo peso y elevada absorción de energía; como ya se ha mencionado en la parte introductoria.

Es indispensable conocer los elementos principales que intervienen en las propiedades mecánicas a compresión. La cantidad de variables que toman parte en el comportamiento mecánico de un sólido celular pueden incrementarse por cuestiones metalúrgicas o del proceso de fabricación de la espuma, de modo que los modelos teóricos existentes no permiten predecir con exactitud el comportamiento mecánico de este tipo de materiales. Sin embargo, esta teoría permite entender los mecanismos involucrados y hace posible realizar aproximaciones y comparaciones entre distintas espumas, al someter a una espuma metálica a esfuerzos de compresión.

2.1.1. Generalidades del comportamiento a presión

Bajo la aplicación de una carga a compresión, un sólido celular puede comportarse de manera elastomérica, elástica-plástica o elástica frágil.[48] En cualquiera de los casos, estas presentan elasticidad lineal a muy bajas deformaciones (menos de 0,05),[48,50] seguida de una etapa de deformación a esfuerzo cuasiestático (también denominada zona de colapso),[48] concluyendo con un régimen de densificación en el que se presenta un incremento en el esfuerzo (Figura 37).

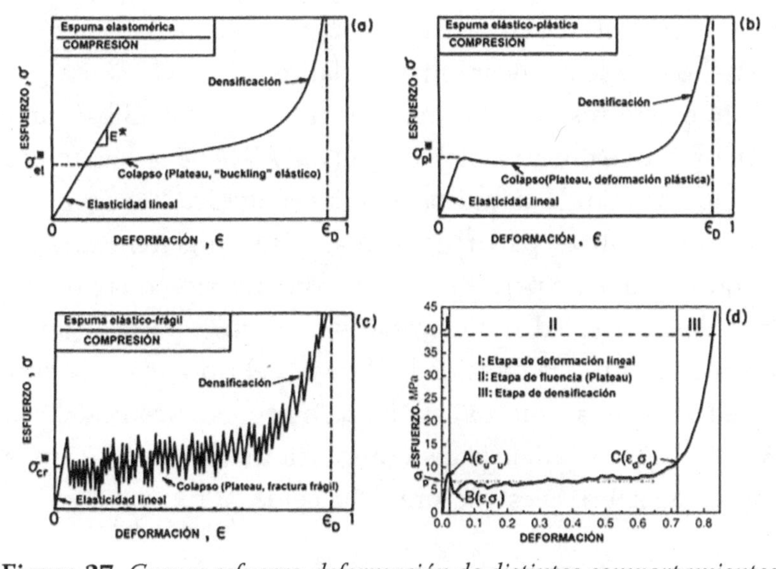

Figura 37. *Curvas esfuerzo-deformación de distintos comportamientos de un sólido celular*[48]

El comportamiento de cada espuma también depende de la naturaleza del material sólido que la constituye. Por esto mismo, es posible que se lleguen a presentar estos patrones combinados,[51,52] como se puede observar en la Figura 37.d, donde la curva esfuerzo-deformación presenta sobre todo un comportamiento plástico, pero con algunos puntos que indican un comportamiento elástico frágil. Por lo tanto, para la identificación de cada una de estas etapas se consideran los criterios explicados a continuación.

En la región o etapa elástica lineal, el esfuerzo de compresión se incrementa conforme es mayor la deformación, y el principal mecanismo de deformación durante esta etapa es la flexión de los bordes y caras (en el caso de espumas con celdas cerradas); mientras que en la segunda etapa ocurrirá el pandeo (*buckling*) o distorsión de los bordes de la celda, lo cual irá deformando plásticamente toda la estructura celular, provocando su colapso.

Cuando todas las celdas o poros hayan modificado su geometría debido al esfuerzo mecánico, los efectos del endurecimiento por deformación se harán notables, por lo que el esfuerzo se volverá a incrementar, dando lugar a la etapa de densificación,[48,51] fenómeno que se explicará más adelante.

Para el análisis de estos mecanismos, Ashby y Gibs[48] propusieron un modelo para la flexión y el *buckling* de la estructura de una celda, tomando como base una estructura hexagonal para dicho modelado. A partir de este análisis se genera una ecuación, que aunque no permite realizar con precisión una predicción teórica de las propiedades mecánicas, sí es útil para relacionar características como la densidad relativa o el tipo de celda con las propiedades de la espuma, además de brindar un modelo básico y físico para el análisis del comportamiento de las cargas de compresión sobre la estructura de la celda.[48,49]

2.1.2. Zona elástica lineal

a. Elasticidad lineal

Corresponde a la etapa ocurrida a bajas deformaciones y depende de la morfología, así como del tipo de celda. Durante esta fase (y para espumas de celdas abiertas con baja densidad),[48] el mecanismo principal de deformación será la deflexión de los bordes de la celda. El borde o brazo de la celda es una arista que conecta dos vértices de la celda y actúa como soporte estructural o viga dentro de la estructura celular.

En el caso de las espumas con celdas cerradas, además de la deflexión es necesario considerar el efecto de la extensión o compresión de sus paredes o membranas (dependiendo de su espesor), lo que incrementa la contribución de la rigidez axial de la celda al módulo elástico.[48]

De estar presente algún fluido durante su deformación, también se deberá considerar la fuerza que este ejerce hacia las paredes de la celda, sobre todo si dicho fluido es de alta densidad. Para el caso de una celda de tipo abierto, y suponiendo que esta adquiere la forma de un arreglo cúbico simple, con brazos de largo l y espesor t, el diagrama de cuerpo de dicho arreglo se apreciaría como en la Figura 38.

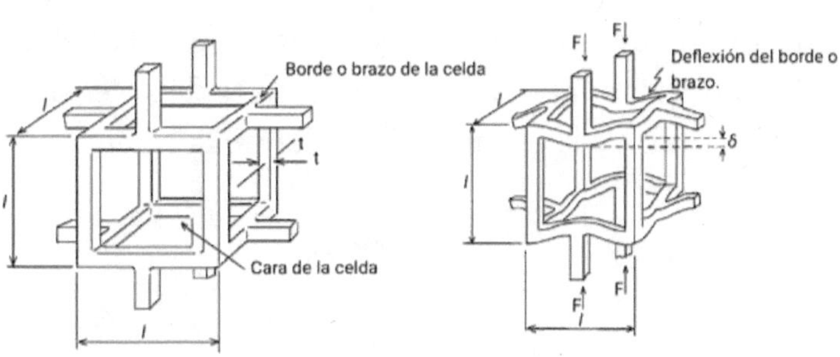

Figura 38. *Ejemplificación de deflexión elástica en un modelo de celda cúbico, mostrándose los principales puntos donde actúan las fuerzas de compresión*[48]

Para simplificar el análisis, se utiliza como modelo de celda un arreglo cubico, dado que, además de facilitar el modelado de la deflexión permite (mediante distintas constantes de proporcionalidad) extrapolar sus resultados para modelos con geometrías más complejas y así obtener una aproximación más cercana al comportamiento real de la celda, ya que todas las estructuras fallan por los mismos mecanismos.

Tal como se aprecia en la Figura 38, la deflexión de los bordes de la celda es proporcional a la fuerza aplicada durante la compresión. Analizando al borde de la celda como un brazo con largo *l* y espesor *t* (siendo *L* un valor muy cercano al tamaño promedio de la celda), la deflexión es proporcional (conforme a la teoría de vigas) a la fuerza, la longitud del brazo y al módulo elástico:

Ecuación 2

$$\mathrm{d} \setminus \frac{Fl^3}{E_s I}$$

Donde δ es la deflexión del borde, F la fuerza ejercida sobre el brazo durante la compresión, l la longitud de la celda, E_s el módulo elástico del material de la espuma, e I el momento de inercia de la sección transversal del borde. Considerando que la fuerza ejercida sobre el borde es proporcional al esfuerzo uniaxial de compresión, mediante la relación $F \alpha \sigma l^2$, y que la deformación (ε) es también proporcional a la deflexión ($\varepsilon \alpha \delta/l$) es posible expresar al módulo de la espuma E^* mediante la ecuación 3:

Ecuación 3

$$E^* = \frac{\mathrm{v}}{\mathrm{f}} = \frac{C_1 . E_S . I}{l^4}$$

Dado que todas las estructuras de celdas fallan por los mismos mecanismos, es posible describir su comportamiento a partir de un modelo más simple. Sin embargo, para ello es necesario que todas las propiedades obtenidas a partir de estos puedan expresarse en argumentos que omitan todas las relaciones con la geometría de la celda. Por lo tanto, empleando la relación entre densidad relativa, el espesor y la longitud del borde, se tiene:

Ecuación 4

$$\frac{\rho *}{\rho_s} \alpha \left(\frac{t}{l}\right)^2$$

A su vez, el momento de inercia también es proporcional al espesor del borde:

Ecuación 5

$$I \setminus t^4$$

Sustituyendo en la ecuación 2 el momento de inercia (ecuación 4), incluyendo otra constante de proporcionalidad, se tiene:

Ecuación 6

$$E *= \frac{C_2.E_s.t^4}{l^4} = C_2.E_s.\left(\frac{t}{l}\right)^4$$

Sustituyendo en la ecuación 6 la densidad relativa, el espesor y el largo de celda, la ecuación anterior se reescribe como:

Ecuación 7

$$E *= C.E_s.\left(\frac{\rho}{\rho_s}\right)^2$$

Finalmente, se puede obtener a partir de esta ecuación la relación entre los módulos del sólido y de la espuma con el parámetro de densidad relativa:

Ecuación 8

$$\frac{E^*}{E_s} = C.\left(\frac{\rho^*}{\rho_s}\right)^2$$

La ecuación obtenida anteriormente representa el módulo elástico relativo para una espuma de celda abierta, la cual indica la relación entre la densidad relativa, la carga aplicada y la geometría de la espuma con la resistencia elástica.

Para el caso de una espuma con celdas de tipo cerrado, el módulo elástico y la rigidez dependen en primer lugar (como en las espumas de celda abierta) de la deflexión de los bordes o brazos de la celda, con la diferencia de que esta contribución se verá afectada por la cantidad de sólido remanente en los bordes, cuyo factor se obtiene mediante el análisis de la distribución de material sólido en los brazos y las caras de la celda.

Considerando a un arreglo cúbico como una celda de tipo cerrado, ejemplificado en la Figura 39 con una fracción de sólido ϕ contenido en los bordes (de espesor t_e) la fracción restante $1\text{-}\phi$ estará contenida en las paredes o caras de la celda, misma que tendrá un espesor t_f.

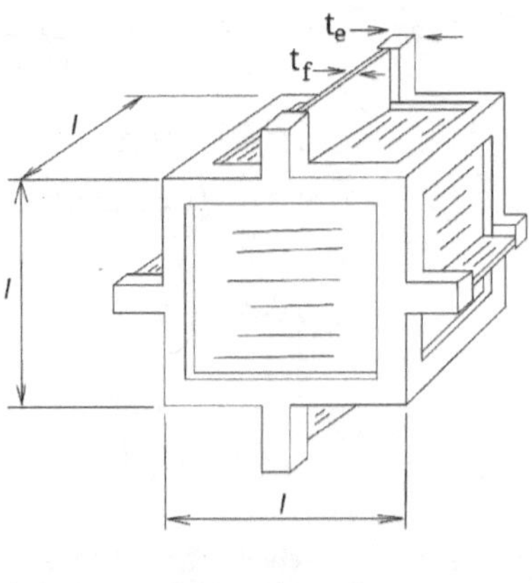

Figura 39. *Ejemplificación del análisis de espesores en la distribución de un sólido de una celda cerrada*[48]

Entonces la fracción de sólido ϕ y las relaciones entre espesores y el tamaño de la celda (t_e/l y t_f/L) quedan relacionados con la densidad relativa mediante las siguientes ecuaciones: La distribución de sólido en los bordes y las caras se expresa mediante la ecuación 9:

Ecuación 9

$$\varphi = \frac{\frac{nf}{2Z_f} * lt_e^2}{\frac{nf}{2Z_f} lt_e^2 + \frac{f}{2} l^2 t_f} = \frac{t_e^2}{t_e^2 + \frac{Z_f}{n} * t_f l}$$

Misma que representa a la fracción de sólido en el espesor de los bordes con respecto al total de sólido distribuido entre bordes y caras; donde es el promedio del número de bordes por cara de la celda, *f* el número de caras en la celda y Z_f el número de caras que intersectan en un borde. Siendo la densidad relativa como la densidad de la espuma respecto a la densidad del sólido que compone a la espuma. Entonces, la ecuación, en términos de los elementos que contienen al material sólido, queda expresada de la siguiente forma:

Ecuación 10

$$\frac{\rho *}{\rho_s} = \frac{\frac{nf}{2Z_f} lt_e^2 + \frac{f}{2} l^2 f}{C_4 l^3} = \frac{f}{C_4} \left\{ \frac{n}{2Z_f} \frac{t_e^2}{l^2} + \frac{1}{2} \frac{t_f}{l} \right\}$$

Siendo C_{4C} la constante volumétrica de la celda. Por lo tanto, despejando a los espesores, se obtienen las ecuaciones para definir los espesores en función de la densidad relativa:

Ecuación 11

$$\frac{t_f}{l} = \frac{2C_4}{f} = (1 - \varphi)\frac{\rho *}{\rho_s}$$

Y para el espesor de los bordes:

Ecuación 12

$$\frac{t_e}{l} = \left(\frac{2Z_f}{n} \frac{C_4}{f} \{ \frac{t *}{t_s} \right)^{\frac{1}{2}}$$

Considerando las constantes para una geometría general, con $Z_f = 3$, ≈ 5, $f \approx 14$ y $C_4 = 14$, las ecuaciones anteriores quedan expresadas como:

Ecuación 13

$$\frac{\rho *}{\rho_s} = 1,2 \left\{ \frac{t_e^2}{l^2} + 0,7 \frac{t_f}{l} \right\}$$

Ecuación 14

$$\frac{t_f}{l} = 1,4(1 - \varphi)\frac{\rho *}{\rho_s}$$

Ecuación 15

$$\frac{t_e}{l} = 0,93\varphi^{\frac{1}{2}} \left(\frac{\rho *}{\rho_s} \right)^{\frac{1}{2}}$$

Por lo tanto, la contribución a la deflexión elástica generada por la cantidad de sólido presente en los bordes y las caras de la celda se describe mediante la ecuación 16:

Ecuación 16

$$\frac{1}{2}F\delta = \frac{\alpha E_s I d^2}{l^3} = \beta E_s\left(\frac{\delta}{l}\right)^2 l^2 t_f$$

Empleando las relaciones de proporcionalidad $\left(I \setminus t_e^4 \text{ y } E^* \setminus \frac{F}{\delta l}\right)$ y sustituyendo a *F*, se tiene la ecuación en términos de los módulos elásticos de la espuma y el sólido del material:

Ecuación 17

$$\frac{E^*}{E_s} = \alpha' \frac{t_e 4}{l^4} + \beta' \frac{t_f}{l}$$

Sustituyendo a los espesores de las caras y los bordes en términos de la densidad relativa y la cantidad de sólido remanente con las ecuaciones antes desarrolladas, se tiene para el comportamiento elástico combinado producido por los bordes y caras de una celda de tipo cerrado:

Ecuación 18

$$\frac{E^*}{E_s} = \alpha' \frac{t_e 4}{l^4} + \beta' \frac{t_f}{l}$$

Donde la contribución a la rigidez también dependerá de la suma de otras dos componentes; una correspondiente a la deflexión de las paredes de la celda (afectada por la cantidad de sólido que posean), mientras que la segunda es producida por la compresión de algún fluido presente en la misma.

2.1.3. Etapa de colapso a esfuerzo constante (plateau)

a. Colapso elástico y colapso plástico

En una espuma, el comportamiento elástico lineal solo ocurre a bajas deformaciones, alrededor de un 5 %. La mayor parte de ellas pueden estirarse o comprimirse hasta altas deformaciones. En las espumas fabricadas con sólidos elastoméricos, la deformación que se presenta por arriba del régimen del 5 % sigue siendo de tipo elástico, mas ya no tiene un comportamiento lineal y ocurrirá a un esfuerzo constante denominado esfuerzo de colapso elástico,[48] mismo que se mantiene casi constante en algunas espumas y es una propiedad importante para aplicaciones de amortiguamiento y absorción de vibraciones.

Estas espumas presentarán deformación plástica en un régimen denominado como colapso plástico, después del elástico lineal (sin colapso elástico); el cual da origen a una larga zona horizontal a esfuerzo casi constante, donde la falla se localiza en las secciones transversales a la carga.[48] Estas largas zonas a esfuerzo constante (*plateau*) son aprovechadas para las aplicaciones de absorción de energía y protección de impactos.

Al igual que el comportamiento elástico lineal, el régimen de colapso plástico depende de la geometría, así como del tipo de las celdas (abiertas o cerradas). A continuación, se explica este comportamiento en función del tipo de celda y de una geometría básica.[48,49]

b. Colapso plástico en celdas de tipo abierto

En las espumas con celdas abiertas, el colapso plástico ocurre cuando el momento ejercido sobre los bordes perpendiculares a la carga excede el momento plástico total de estos,[48] generando puntos de deflexión en los bordes perpendiculares a la carga (Figura 40).

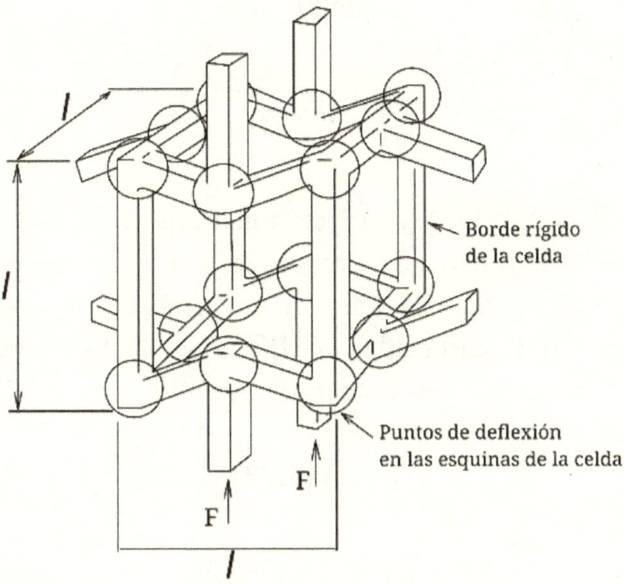

Figura 40. *Mecanismo de colapso de viga por flexión que ocurre en el borde horizontal durante la deformación plástica de una celda*[48-6]

Considerando el borde de una celda abierta como un brazo de sección cuadrangular, este momento plástico se calcula por la ecuación 19:

Ecuación 19

$$M_p = \frac{1}{4} \sigma y s^{t^{3}}$$

Donde σ_{ys} es el esfuerzo de fluencia del material sólido de la espuma y t el espesor de cada uno de los bordes. Ahora, considerando una fuerza normal al brazo de la celda, con longitud l, el momento ejercido por esta fuerza tiene proporción con la magnitud Fl. Por su parte (y considerando a una celda con caras cuadradas) el esfuerzo es proporcional a F/l^2. Entonces, se tiene para el esfuerzo de colapso elástico la siguiente relación de proporción:

Ecuación 20

$$\sigma *_{pl} \backslash \frac{M_p}{l^3}$$

Al igual que en la deformación elástica lineal, para fines de análisis y comparación de propiedades se requiere escribir la ecuación en función de la densidad relativa; por tanto, empleando la ecuación 4, para celdas de tipo abierto, el esfuerzo de colapso plástico se puede modelar como:

Ecuación 21

$$\frac{\sigma * pl}{\sigma_{ys}} = C_1 \left(\frac{\rho *}{\rho_s} \right)^{\frac{3}{2}}$$

Para el análisis plástico, es necesario considerar que para densidades altas se deben restar las dimensiones de las esquinas del largo del borde, lo que da lugar a la siguiente corrección:

Ecuación 22

$$\frac{\sigma * pl}{\sigma_{ys}} = C_1' \left(\frac{\rho *}{\rho_s} \right)^{\frac{3}{2}} \left(1 + \left(\frac{\rho *}{\rho_s} \right)^{\frac{1}{2}} \right)$$

c. Esfuerzo de colapso plástico en celdas de tipo cerrado

Para el caso de las espumas con celdas de tipo cerrado, la presencia de las paredes en la celda genera el incremento del esfuerzo de fluencia. Esto se debe a que, durante la aplicación de una carga a compresión, a 90 grados de dirección de la fuerza las paredes presentan estiramiento y el trabajo requerido para ello es el que incrementa de manera considerable el esfuerzo de fluencia.[48]

Considerando un desplazamiento plástico compresivo δ (Figura 41) ocasionado por una fuerza de compresión con magnitud *F*, el trabajo realizado por esta carga es proporcional a $F\delta$. Por su parte, el ángulo de rotación en los puntos de deflexión es proporcional a δ/l; mientras que el trabajo plástico en los puntos de deflexión es proporcional a (momento plástico ejercido por los bordes).

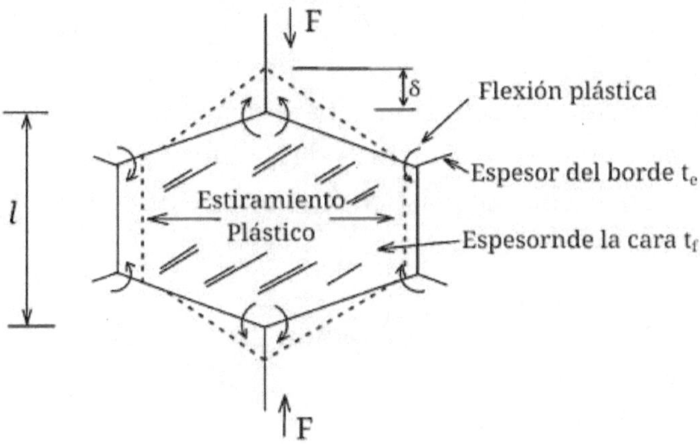

Figura 41. *Ejemplificación de la deformación de una pared de celda durante el colapso plástico en una celda tipo cerrada*[48]

A su vez, la cara también presenta un estiramiento en proporción al desplazamiento δ, donde el trabajo ejercido para el estiramiento está en función del esfuerzo de fluencia del sólido, el espesor de la cara y la longitud de la celda: $\sigma_{ys}\delta t_f l$

Por lo tanto, el trabajo ejercido en la deformación en los bordes y caras se modela mediante la ecuación 23:

Ecuación 23

$$F\delta = \alpha M_p \frac{\delta}{l} + \beta\sigma_{ys}\delta t_f l$$

Donde el primer término corresponde al momento plástico ejercido en los bordes ($M_p = \frac{1}{4}\sigma_{ys} t_e^3$) y el segundo al estiramiento de las caras. Por lo tanto, la ecuación en términos de los esfuerzos de fluencia y la densidad relativa (sustituyendo: $\sigma = \frac{F}{l^2}$) se expresa de la siguiente forma:

Ecuación 24

$$\frac{\sigma * pl}{\sigma_{ys}} = \frac{\alpha}{4}\left(\frac{t_e}{l}\right)^3 + \beta\left(\frac{t_f}{l}\right)$$

Empleando las ecuaciones para distribución de sólido en la celda, presentadas en el análisis de la deformación elástica lineal, el esfuerzo de colapso plástico para una celda cerrada queda modelado con la ecuación 25.

Ecuación 25

$$\frac{\sigma * _{pl}}{\sigma_{ys}} = C_5\left(\varphi \frac{\rho *}{\rho_s}\right)^{3/2} + C_{\overline{5}}(1 - \varphi)\left(\frac{\rho *}{\rho_s}\right)$$

d. Esfuerzo de compactación frágil

Esto se presenta sobre todo en espumas constituidas por materiales frágiles (materiales cerámicos y algunos polímeros con comportamiento frágil). Sin embargo, es necesario hacer un análisis de este, ya que en algunas espumas metálicas, dependiendo de la composición de la aleación, también se llega a presentar.[52] A su vez, en las espumas con celda de tipo cerrado, este mecanismo ocurre de manera paralela al colapso elástico,[48] por lo que se presenta a continuación el modelado de dicho comportamiento.

e. Compactación frágil en celdas de tipo abierto

Para este caso, la falla del borde de la celda se presenta cuando el momento de falla excede la magnitud:

Ecuación 26

$$M_f = \frac{1}{6}\sigma_{fs} t^3$$

Donde σ_{fs} se define como el módulo (esfuerzo) de ruptura del material del borde. Para este comportamiento se tiene de nuevo una fuerza de compresión F actuando de forma normal al borde de la celda y generando un momento de magnitud Fl, mientras que el esfuerzo para la espuma es proporcional a F/l^2. Por lo tanto, se tiene para la definición del esfuerzo de colapso frágil:

Ecuación 27

$$\sigma^*_{cr} \, \alpha \, \frac{M_f}{l^3}$$

Sustituyendo con la ecuación de modelo de falla y reescribiendo la ecuación en términos de la densidad relativa $\left(\text{ecuación 4: } \frac{\rho^*}{\rho_s} = \left(\frac{t}{l}\right)^2\right)$:

Ecuación 28

$$\frac{\sigma^*_{cr}}{\sigma_{fs}} = C_6\left(\frac{\rho^*}{\rho_s}\right)^{\frac{3}{2}}$$

f. Compactación frágil en celdas de tipo cerrado

Al igual que en los otros casos de deformación analizados, principalmente se añade la contribución del estiramiento de las caras de la celda; el análisis para el comportamiento es casi el mismo,[48] por lo que, en este caso, el esfuerzo corresponde con la ecuación 29:

Ecuación 29

$$\frac{\sigma^{*}_{cr}}{\sigma_{fs}} = C_6\left(\varphi\frac{\rho^*}{\rho_s}\right)^{\frac{3}{2}} + C_{\overline{6}}(1-\varphi)\left(\frac{\rho^*}{\rho_s}\right)$$

2.1.4. Zona de densificación

A deformaciones altas durante la compresión de una espuma, las paredes opuestas de las celdas se colapsan y entran en contacto, comprimiendo a su vez al material sólido que las constituye. Por lo tanto, la curva esfuerzo-deformación se incrementa súbitamente, de manera que la pendiente de esta tiende a la magnitud del módulo elástico del sólido. La densificación máxima se presenta cuando todas las celdas ya se encuentran compactadas a una determinada deformación límite que se encuentra en función de la densidad relativa, mediante la ecuación 30:

Ecuación 30

$$\varepsilon_D = 1 - 1,4\left(\frac{\rho^*}{\rho_s}\right)$$

Donde ε_D es la deformación de densificación máxima. De esta ecuación, se puede observar que la densificación máxima no corresponde con la magnitud de porosidad$\varepsilon_D = 1 - 1,4\left(\frac{\rho^*}{\rho_s}\right)$ a la cual debería ocurrir la densificación, dado que equivale a la cantidad de espacios vacíos en el material debido a que la presencia de bordes fracturados y otras imperfecciones hacen que la densificación máxima ocurra a una deformación menor.[48]

a. Absorción de energía

La capacidad de absorción de energía en una espuma (sobre todo metálica) es una propiedad tecnológica de importancia,[51] ya que es la que posibilita su uso como elementos estructurales para empaques, protección contra impactos, miembros estructurales, entre otras aplicaciones.[50]

La esencia de la protección contra impactos está en la habilidad del elemento protector para convertir energía cinética en energía de otro tipo (como el calor) mediante plasticidad, viscosidad, etc. Esto mantiene la fuerza pico del elemento protegido dentro del rango en el que este no sufra daños.[48] Por ello, los parámetros analizados para el estudio de esta propiedad (en las espumas metálicas) son la capacidad de absorción de energía y la eficiencia de absorción de energía.

b. Capacidad de absorción de energía y los mecanismos y factores que intervienen en ella

Cuando una espuma es sometida a una carga, las fuerzas aplicadas producen un trabajo. Por definición, el trabajo por unidad de volumen para deformar una espuma es el área bajo la curva esfuerzo-deformación (obtenida tras el ensayo de compresión) después de la deformación correspondiente al régimen lineal. Este parámetro se considera como la energía absorbida por unidad de volumen.[48,51]

Para su definición, se considera que el trabajo realizado por una fuerza comprimiendo a una espuma de celda abierta es absorbido mediante deformación elástica, plástica o frágil de los bordes de las celdas. Cada uno de estos mecanismos ocurrirá prácticamente bajo una carga constante hasta que la espuma esté compactada por completo. Después de este punto, la carga se incrementará abruptamente. Por lo tanto, la energía absorbida por unidad de volumen se expresa mediante la ecuación 31:

Ecuación 31

$$W = \int_0^{\varepsilon} \sigma d\varepsilon$$

Cuando el esfuerzo de deformación es prácticamente constante (esfuerzo *plateau*), la energía absorbida por unidad de volumen se puede aproximar mediante la ecuación:

Ecuación 32

$$W \approx \sigma^*_{pl} \varepsilon$$

Entonces, en las espumas metálicas la capacidad de absorción de energía es dependiente de la fluencia plástica, la deflexión o la fractura de las celdas, así como de mecanismos relacionados con la fricción entre celdas colapsadas.[53,54] Por su parte, los mecanismos relevantes para un tipo de espuma en particular dependen del comportamiento del material que constituye a la celda y de la estructura de estas (tipo de celdas).

La densidad relativa también es otro factor que influye en la capacidad de absorción de energía.[55,55] Ya que el esfuerzo de compresión se incrementa con la densidad relativa y este es un parámetro importante que afecta la utilidad de un material como absorbedor de energía. Las espumas con alta densidad relativa, por lo general, presentan esfuerzos de fluencia y fractura mayores respecto a las de baja densidad, además que la mayor cantidad de sólido genera una fuente adicional de fricción durante el colapso.[48]

La energía absorbida y el esfuerzo *plateau* son también dependientes de otras variables como la rapidez de deformación y la temperatura, esto debido a las propiedades intrínsecas del material base que compone a la celda, que se ven afectadas por las variaciones de las condiciones de temperatura y deformación.[48]

A su vez, las variaciones en composición, la presencia de fluidos y, por supuesto, la modificación de propiedades del material base utilizado también ocasionan cambios en la cantidad de energía absorbida, como se presenta a continuación.

- **Efectos de un fluido dentro de la espuma**: en las espumas plásticas y con comportamiento frágil, la disipación del trabajo generado por la aplicación de una fuerza ocurre completamente como trabajo plástico o como fractura frágil, así como en la fricción entre los fragmentos de paredes de celda fracturadas. Si se tiene presencia de fluidos, en las espumas con celdas abiertas el efecto de dicho fluido solo es notable a elevadas tasas de deformación (10^3 1/s). En las espumas de celda cerrada, el efecto es independiente de la rapidez con la que es deformada.[48]
- **Cambios por composición o uso de *composites* como material base:** los cambios de composición en el material base tienden a incrementar la energía absorbida debido a que la presencia de precipitados o fases secundarias cambian las propiedades del material base, dando lugar (teniendo en cuenta la composición y tratamiento térmico apropiado) a un incremento del esfuerzo de compresión, cuya magnitud determina la cantidad de energía absorbida por una espuma.[56,56]

Adicionalmente, un estudio realizado con espumas de aluminio y magnesio ha demostrado que la aplicación de tratamientos térmicos a una espuma también modifica su capacidad de absorción de modo que pueden reducirse los efectos de la rapidez de deformación considerablemente, manteniendo un valor más constante y homogéneo en energía total absorbida.[57,58] Este aspecto es crucial y ampliamente requerido a fin de hacer más robusto el diseño de componentes para protección, a modo de homologar su desempeño bajo distintos regímenes de deformación.

Por su parte, adicionando el uso de materiales compuestos, las espumas, además de poder disipar energía mediante fluencia, distorsión o fractura de los bordes de las celdas, pueden tener una componente adicional de disipación si los bordes o los elementos con material sólido de la espuma se constituyen de materiales reforzados mediante fibras de materiales cerámicos (construcción de un material compuesto), ya que la energía requerida para extraer las fibras del sólido y la energía de ruptura de la interfaz fibra-matriz metálica ocasionan un incremento en la energía total absorbida.[35]

- **Sensibilidad a la tasa de deformación:** las espumas son sensibles a la rapidez de deformación, debido a la dependencia que presenta el material base respecto a dicha condición. En el caso de los metales, estas variaciones se deben a los cambios que ocurren con los mecanismos de deformación, lo cual afectará al comportamiento mecánico de la espuma y a la cantidad de energía absorbida.

  En las espumas, estos efectos toman importancia, ya que se tiene un amplio rango de aplicaciones que presentan diferencias considerables entre los regímenes de baja, media y alta velocidad de deformación. Para definir estos límites, se toman en cuenta los rangos presentes en cada condición. Una tasa de deformación baja se considera en el rango de 10^{-8} – 10^{-2} 1/s. Una tasa de deformación media se sitúa por 40 1/s.

  Por su parte, una elevada rapidez de deformación corresponde a velocidades de hasta 10^{4} 1/s, siendo utilizada en pruebas de impacto automotrices y de balística. Considerando que en la mayoría de los equipos de laboratorio se trabaja con rapidez en el rango bajo, es necesario (para un estudio más preciso y enfocado al desempeño estructural de una espuma metálica) colocar dispositivos para alcanzar las velocidades mencionadas.[48]

La selección de espumas en el diseño de componentes para absorción de energía se basa en aplicar ensayos de compresión a distinta rapidez de deformación y para espumas de distintas densidades relativas. Con esto se genera un diagrama de absorción de energía que ayuda a definir qué espuma es la que absorbe la mayor cantidad de energía a una cantidad máxima de esfuerzo de colapso elástico permitido, bajo una determinada condición de rapidez de deformación y densidad relativa.[48]

2.1.5. Eficiencia de absorción de energía

Representa otro parámetro para caracterizar a la absorción de energía en una espuma. La eficiencia de absorción de energía puede ser calculada mediante la ecuación:

Ecuación 33

$$n = \frac{1}{\sigma_{max}\varepsilon} \int_0^{\varepsilon} \sigma d\varepsilon$$

Donde σ_{max} representa el valor de esfuerzo máximo en la región de colapso plástico. El valor de eficiencia puede tomarse a dos deformaciones, al máximo y a un 55 % de la deformación total; el cual representa la eficiencia de absorción a un 55 % de la deformación y es un valor muy utilizado[51] para realizar una estimación de la energía de absorción. En particular, las espumas de aluminio son materiales idóneos para la absorción de energía, debido a que suelen presentar largas zonas de colapso plástico (a esfuerzo constante o *plateau*), pudiendo absorber gran cantidad de energía.[50]

2.1.6. Efectos por morfología, tamaño y distribución de tamaño de celdas

Existen diferentes teorías acerca del efecto del tamaño de celda sobre las propiedades mecánicas de una espuma. Por ejemplo, algunos autores[1,2,20] han encontrado nulos efectos del tamaño de celda en las propiedades mecánicas, mientras que autores como Onck[60] han desarrollado un modelo matemático que permite determinar los efectos de la relación entre tamaño de celda y tamaño del espécimen en el módulo elástico y el esfuerzo de colapso plástico, así como también la relación entre el tamaño de celda y la rapidez de deformación durante una carga de compresión dinámica.[61]

En este modelo, el argumento principal[48,43,62] es el cambio presentado por el módulo elástico y el esfuerzo de colapso plástico al variarse la relación entre tamaño de celda y el tamaño del espécimen. Se encontró que en el límite entre el tamaño de la celda y la longitud del espécimen, para que las propiedades mecánicas sean representativas la relación tiene que ser $L/d = 8$, debido a que por debajo de esta magnitud se considera que hay un mayor número de celdas no afectadas por la carga de compresión aplicada.[48,61,62]

Para entender el sustento de esta relación y su límite numérico, Onck[61] ha realizado un modelo que considera a una espuma regular simétrica, con celdas hexagonales de tamaño D y por lo tanto con un ancho de espécimen finito $W = \alpha D$, donde para evitar valores no enteros de α, se considera a las paredes de celda y/o bordes externos como libres de esfuerzo (véase la Figura 42).[61]

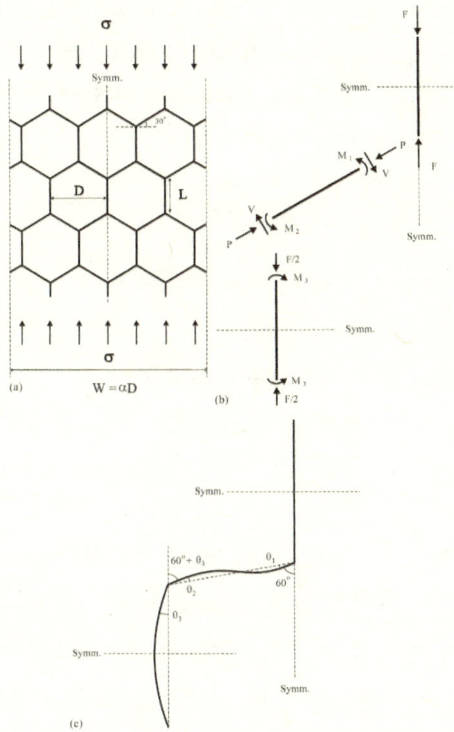

Figura 42. *Diagrama de ejemplificación de Onck para el análisis de deformación de las celdas de una espuma, a partir del cual se generan diagramas de cuerpo libre sobre los bordes de celda*[61]

En el diagrama anterior, se considera a las paredes de las celdas como perfectamente elástico-plásticas, con una longitud L, espesor D, profundidad fuera del plano d (espesor diferencial del plano) y momento de inercia I. Mientras que, para las propiedades, se considera al módulo elástico y el esfuerzo de fluencia del sólido como E_s y σ_{ys}, respectivamente. Por lo tanto, considerando a la fuerza que actúa sobre el espacio analizado:

Ecuación 34

$$F = \sigma W d = \sqrt{3}\,\sigma \alpha L d$$

Por su parte, de acuerdo con el diagrama de cuerpo libre mostrado en la Figura 42.b, el equilibrio de momentos en los bordes de la celda (que para este análisis se consideran como brazos) y en los puntos de unión está dado por las ecuaciones:

Ecuación 35

$$-M_1 - M_2 + VL = 0$$

Ecuación 36

$$-M_2 + M_3 = 0$$

Siendo la fuerza de equilibrio en la junta izquierda $V = \frac{\sqrt{3}\,F}{4}$. Para la resolución de los tres momentos se considera también la ecuación correspondiente a la compatibilidad de deformación de cada uno de los bordes individuales, misma que es considerada como una rotación de cada borde.[61] Dado que las juntas se asumen como rígidas, los brazos no rotan localmente respecto al otro, por lo que la ecuación de compatibilidad se escribe como:

Ecuación 37

$$60° + \theta_1 = 60° + \theta_2 + \theta_3 .$$

Las rotaciones de los brazos se relacionan a los momentos empleando, por su parte, las ecuaciones de deflexión:

Ecuación 38

$$\theta_1 = \frac{M_1 L}{3E_S I} - \frac{M_2 L}{6E_S I'}$$

Ecuación 39

$$\theta_2 = \frac{M_2 L}{3E_S I} - \frac{M_1 L}{6E_S I'}$$

Ecuación 40

$$\theta_3 = \frac{M_3 L}{2E_S I}$$

Por lo tanto, combinando el conjunto de ecuaciones se obtiene $M_1 - M_2 - M_3 = 0$. Resolviendo entre esta última y las ecuaciones de equilibrio de momentos, se tiene un valor para:

Ecuación 41

$$M_1 = \frac{\sqrt{3}FL}{6}$$

Y, por tanto, se obtienen los valores $M_2 = M_3 = \sqrt{3}\,FL/12$.

Por su parte, el desplazamiento de la celda unitaria está considerado mediante la ecuación:

Ecuación 42

$$\delta = L\,cos60° - L\,cos(60° + \theta_2 + \theta_3) \approx \frac{\sqrt{3}}{2}L(\theta_2 + \theta_3)$$

Sustituyendo el valor de los momentos en las ecuaciones de deflexión, se obtiene para las rotaciones $\theta_1 = \theta_3 = \frac{\sqrt{3}\,FL^2}{24E_S I}$ y $\theta_2 = 0$; con estos valores, la deflexión obtenida de la celda unitaria es:

Ecuación 43

$$\delta = \left(\frac{\sqrt{3}}{2}\right)L * \left(\frac{\sqrt{3} * FL^2}{24E_S I}\right)\frac{FL^2}{48E_S I}.$$

Para las características de la celda, el estudio de Onck[61] considera a la deformación $\varepsilon = 2\delta/3L$. Por tanto, sustituyendo el valor de la deflexión, se tiene:

Ecuación 44

$$\varepsilon = \left(\frac{2\delta}{3L}\right) = \frac{2\left(\frac{3FL^2}{48E_S I}\right)}{3L} = \frac{FL^2}{24E_S I}$$

A su vez, este análisis también considera al momento de inercia como $I = \frac{dt^3}{12}$. Por lo tanto, la deformación en términos del espesor del brazo es:

Ecuación 45

$$\varepsilon = \frac{FL^2}{2E_S \mathrm{dt}^3}$$

Finalmente, el módulo elástico del *honeycomb* bidimensional corresponde a la ecuación:

Ecuación 46

$$\delta = \left(\frac{\sqrt{3}}{2}\right)L * \left(\frac{\sqrt{3} * FL^2}{24E_S I}\right)\frac{FL^2}{48E_S I}.$$

Donde realizando diversos cálculos para distintos valores de α, se observa en el gráfico realizado que el valor de E^* presenta una mayor convergencia al del sólido E^*_{bulk} conforme α aumenta (Figura 43). De este modo, la tendencia general, de acuerdo con este modelo, es que la rigidez disminuya de manera considerable para pequeños especímenes y que converja con la rigidez del sólido (*bulk value*) para especímenes grandes.[61]

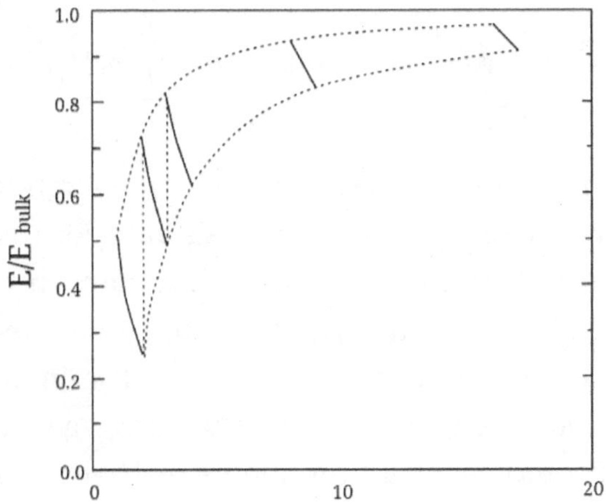

Figura 43. *Gráfico de convergencia del modelo de Onck para el módulo de una espuma celular, en el que se observa la tendencia al módulo del material sólido conforme el valor de α aumenta*[61]

Con el comportamiento obtenido del análisis anterior, Onck realiza el modelado y la extrapolación para una espuma. Para esto, se considera de nuevo que los bordes de celda y las caras cerca de las superficies libres se encuentran en un estado de menor constricción,[61] de manera que pueden considerarse como libres de esfuerzo.

El modelado de estos efectos se realiza considerando la muestra de espuma como un prisma cuadrado, de ancho L y tamaño de celda d^* (por tanto, $L=\alpha d^*$). En el punto central más alejado de la superficie, el material posee un módulo de Young igual a E_{bulk}. Alrededor de esta zona se encuentra una capa límite con menor rigidez, con un espesor nd^* y un módulo de Young de magnitud mE_{bulk} (con $0 \leq m \leq 1$). En las esquinas de la capa límite, dado que el módulo disminuye aún más, el valor de este es tomado como m^2E_{bulk}. Finalmente, considerando al espécimen como espuma de celda abierta, la capa límite se encuentra rodeada a su vez por una capa de superficie de espesor pd^*. El módulo efectivo de Young en este material propuesto por Onck es:

Ecuación 47

$$\frac{E^*}{E^*_{bluk}} = \left(1 - 2n\frac{d^*}{L} - 2p\frac{d^*}{L}\right)^2 + 4nm\left(\frac{d^*}{L}\right);1 - 2n\left(\frac{d^*}{L}\right) - 2p\left(\frac{d^*}{L}\right)E + 4n^2m^2\left(\frac{d^*}{L}\right)^2$$

Donde analizando las variables que involucran los términos en esta y la ecuación del primer análisis anterior (que relaciona al módulo de rigidez con α) se tiene que, conforme α se incrementa, E^* tiende al valor de E^*_{bulk}. Considerando que el ancho de la probeta L es fijo, el tamaño de celda d^* disminuirá, de modo que α se incremente ($L = \alpha d^*$). De esta convergencia de ambos modelos, así como de los experimentos realizados en un estudio complementario de Onck,[61] se observa que el módulo aumenta conforme hace lo mismo el tamaño normalizado de la celda, notándose esto principalmente a una relación $\frac{L}{d} \approx 6$.

De acuerdo con los resultados de estos experimentos, realizados con espumas de celda abierta y celda cerrada, para valores dentro del intervalo $\frac{L}{d}$ 1 6 el módulo de Young de las espumas de celda abierta disminuye con más rapidez conforme decreció $\frac{L}{d}$ *versus* la tasa de decrecimiento presentada por las espumas de celda cerrada evaluadas.[20]

2.1.7. Efecto del tamaño de celda en el esfuerzo de compresión

A su vez, el estudio de Onck y otros relacionados[61,62,63] han encontrado que también existe influencia del tamaño de celda sobre el esfuerzo de compresión. Este análisis parte de asumir a un espécimen prismático de ancho $W = \backslash\ d^*$ (siendo el tamaño de celda de la espuma) con una capa de espesor $\frac{d^*}{4}$

en la superficie y libre de carga.[24] Igualando la fuerza de colapso plástico $\sigma_{pl} d^{*2} \alpha^2$ con la fuerza del material de la espuma $\sigma_{bulk} d^{*2} \left(\alpha - \frac{1}{2}\right)^2$, se tiene:

Ecuación 48

$$\frac{\sigma_{pl}}{\sigma_{bluck}} = \frac{\left(\alpha - \frac{1}{2}\right)^2}{\alpha^2}$$

Esta ecuación da por resultado el valor de σ_{bulk} cuando W tiende a infinito. Por lo tanto, σ_{pl} tenderá al valor de σ_{bulk} conforme α se incrementa. La magnitud reducida de esfuerzo de compresión en especímenes pequeños se debe a la presencia de capas compuestas por paredes de celdas en los bordes libres y que están libres de esfuerzo. Conforme menor es α, mayor es la fracción de bordes libres de esfuerzo y por tanto, σ_{pl} disminuye. Para un espécimen real, donde el ancho o el diámetro de este es fijo, α se incrementará al reducirse el tamaño de celda (, mismo argumento que en el análisis del módulo elástico, al incrementar α, incrementará σ_{pl}.[61,62]

a. Efectos por presencia de defectos microestructurales

En el caso de las espumas metálicas, la microestructura de la aleación sólida que constituye a la pared de la celda (o a los bordes de la celda, según sea el caso) también afecta en su comportamiento mecánico. Markaki[52] señala en su estudio que la presencia de un alto contenido de elementos como partículas cerámicas frágiles puede tener consecuencias de magnitud relevante en las propiedades mecánicas de una espuma.

En este mismo estudio realizado por Markaki, se analizan las propiedades mecánicas de tres espumas de aluminio con distinta composición (variando su contenido en magnesio y silicio) y manufacturadas con ayuda de un agente espumante (por ejemplo, hidruro de titanio). Se observaron cambios en las propiedades mecánicas a compresión, tales como la cantidad de energía absorbida y la rapidez de densificación, así como los mecanismos de deformación y fractura por la presencia de distintos compuestos intermetálicos y fases en el material de las paredes de celda.

Por ejemplo, para una espuma fabricada con una aleación $Al\text{-}Mg_{12}\text{-}Si_6$, se encontró que la presencia de una red interdendrítica compuesta por silicio eutéctico, una fase Mg-Si y otra Mg-Al-Si-Fe en la microestructura produjo el incremento de la energía especifica absorbida por esta espuma, presentando a su vez una tasa de densificación baja por el mayor esfuerzo requerido para deformar el material más duro y frágil de las paredes de las celdas.[52]

Por lo tanto, la presencia de compuestos intermetálicos y fases en la microestructura del material sólido puede generar cambios más sustanciales que incluso los generados por la variación del tamaño de celda y su geometría, entre otros. Además de las variaciones en la cantidad de energía absorbida y la densificación, la presencia de otros elementos en la microestructura puede modificar el comportamiento durante la deformación plástica, es decir, cantidad de defectos estructurales, bordes o paredes de celda fracturados, heterogeneidades o celdas con elongación no uniforme. Este tipo de defectos se observan en la Figura 44.[18,47,52]

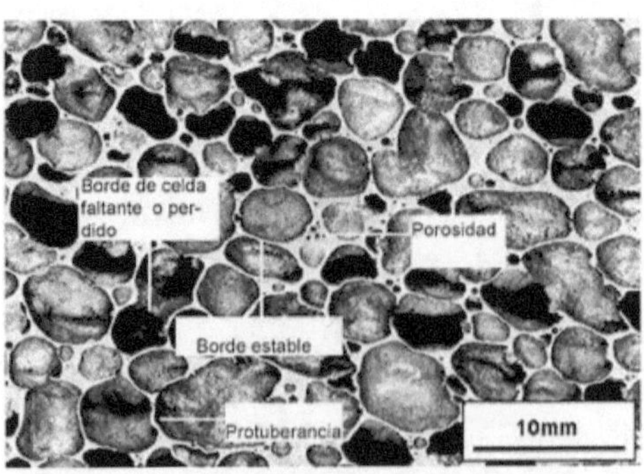

Figura 44. *Principales defectos en una espuma metálica de aluminio, de celda tipo cerrada*[47]

2.2. Espumas de aluminio obtenidas por metalurgia de polvos

Teniendo en cuenta los beneficios que proporciona la metalurgia de polvos, y considerando que esta técnica se puede emplear para la obtención de espumas, a continuación, se describirá a detalle el proceso de disolución-sinterización (PDS, por sus siglas en inglés) con polvo de aluminio (Al) y esferas de carbamida como material de sacrificio en la preforma.

2.2.1. Selección de polvos

- **Mezclado**: se unen polvos de aluminio y esferas de carbamida hasta obtener una mezcla homogénea.
- **Compactación**: la mezcla de polvos es prensada en un dado cilíndrico para conseguir una pastilla en verde.
- **Disolución**: el material de sacrificio (esferas de carbamida) se extrae por medio de lavados con agua.
- **Sinterización**: se unen partículas de aluminio mediante tratamiento térmico de sinterizado.

Los dos tipos de polvo de aluminio y esferas de carbamida esférica (CH_4N_2O) son tamizados para obtener tamaños regulares de polvo de aluminio y esferas de carbamida. A continuación, se mezclan en porcentajes iguales por medios mecánicos, adicionando un 2 % en volumen de etanol para mejorar la humectabilidad de las superficies de las esferas de carbamida y conseguir una mezcla mejorada y una distribución homogénea.

Posterior a este proceso, la mezcla es compactada en un dado cilíndrico de acero para obtener pastillas en verde de Al-CH_4N_2O. La compactación se realiza con una prensa hidráulica manteniendo la carga por al menos 10 minutos. Las pastillas en verdes obtenidas serán sometidas a lavados con agua a temperatura ambiente con el fin de lixiviar la carbamida del compacto en verde.

Por último, las pastillas se llevan a una temperatura determinada en función del punto de fusión del metal que se utilice para que se lleve a cabo el sinterizado. La diferencia de las concentraciones y el tamaño de partícula del material de sacrificio utilizados se listan en la Tabla 3. Aquí se muestra la variación de la concentración de Al de 30 %-60 % en masa, usando dos tipos de tamaño de partícula de carbamida.

Tabla 3. *Diferentes concentraciones y tamaños de material de sacrificio*

	Al 30 %	**Al 40 %**	**Al 50%**	**Al 60 %**
Carbamida 1-2 mm	70 %	60 %	50 %	40 %
Carbamida 2 mm	70 %	60 %	50 %	40 %

Para determinar la porosidad del compacto en verde (P_C), y la porosidad de la espuma (P_f), se utilizan las siguientes ecuaciones:

Ecuación 49

$$Pc = 1 - \left(\frac{\rho_c}{\rho_s}\right)$$

Ecuación 50

$$\rho_s = \rho_{AL} * V_{Al} + \rho_{car}\left(1 - V_{Al}\right)$$

Ecuación 51

$$P_f = 1 - \left(\frac{\rho_f}{\rho_{Al}}\right) * 100 \text{ [Ecuación 51]}$$

Donde:

ρ_c = *densidad del compacto en verde*
ρ_s = *densidad teórica del compacto*
ρ_{Al} = *densidad del aluminio*
V_{Al} = *fracción volumétrica del aluminio en la mezcla*
ρ_{car} = *densidad de la carbamida*
ρ_f = *densidad de la espuma*

Las densidades se calculan partiendo de la ecuación $\rho = m/V$ (m = masa, V = volumen).

2.2.2. Selección de materia prima

En la fabricación de espumas metálicas por el método de procesamiento PDS la primera parte del proceso consiste en la elección de la materia prima: polvos metálicos y carbamida.

La morfología de los polvos utilizados se analiza mediante microscopia electrónica de barrido (MEB). En la Figura 45 se observa la morfología, el tamaño y la distribución de los polvos de aluminio. En la Tabla 4 se presenta un análisis cuantitativo a través de espectroscopía de dispersión de energía (EDS) para definir la composición química.

Tabla 4. *Resultados de la caracterización de los polvos metálicos de aluminio*

Propiedad	UNAMFQ	St
Tamaño de la partícula	75-200 µm	50-100 µm
Color	Gris oscuro	Gris brillante
Forma de la partícula	Alargada-redondeada	Alargada-de hojuela
Pureza	98,84 Wt %	84,38 Wt %
Otros elementos	Mg, Na, Si	Fe, Mg, Si, Mn

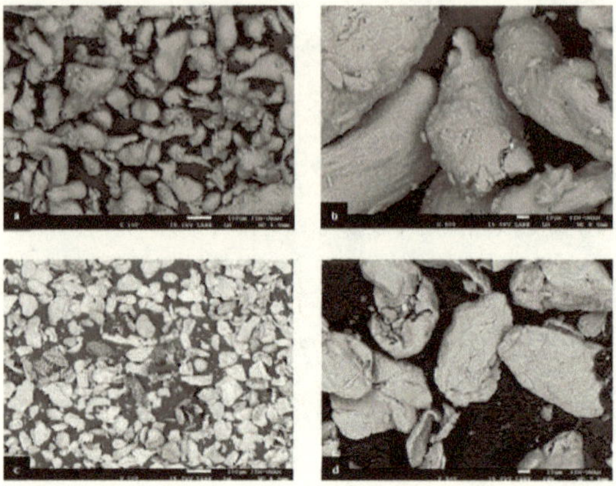

Figura 45. *Micrografías de MEB de las partículas de Al utilizado en la investigación. a) Al tipo 1 a 100 aumentos, b) Al tipo 1 a 500 aumentos, c) Al tipo 2 a 100 aumentos, d) Al tipo 2 a 500 aumentos*

La Figura 45 muestra las micrografías de dos tipos de polvo de aluminio a 100 y 500 aumentos. En la Figura 45.a se aprecia una distribución de tamaños entre las partículas bastante amplia, abarcando de 75 a 200 μm de largo en cada partícula del aluminio tipo 1. En la Figura 45.b se observa que la superficie de las partículas presenta una rugosidad homogénea. En la Figura 45.c se aprecia que en el aluminio tipo 2 las partículas tienen una morfología de hojuela alargada con un tamaño más homogéneo y más pequeño, a diferencia del aluminio tipo 1. Finalmente, en la Figura 45.d se ve con más detalle la morfología de las partículas; también se presentan grietas en la superficie, lo que aumenta el área superficial de las partículas.

Por otra parte, para la producción de espumas metálicas por la técnica DSP se debe usar material de sacrificio con el objetivo de generar espacios o cavidades dentro de la estructura del material a producir. Dicho material generará una dispersión de tamaños de esferas regulares de carbamida con una pureza de alrededor del 99,0 %; entre sus características está tener una dilución más rápida en agua.

En la Tabla 5 se presentan algunas propiedades físicas de la carbamida.

Tabla 5. *Propiedades de la carbamida*

Fórmula química	**CH_4N_2O**
Densidad	1,335
Punto de fusión	133 °C-135 °C
Pureza	99,0 %
Marca	Sigma-Aldrich

En la Figura 46 se presentan imágenes de partículas de carbamida en las que se aprecia el tamaño regular de las esferas, que oscila entre 1 mm y 2 mm de diámetro, y la topografía superficial, observando algunas irregularidades. En la Figura 46.b se observan esferas segmentadas a la mitad o en partes; para seleccionar esferas completas se debe someter a un proceso de tamizado para homogenizar las dimensiones y asegurar un mismo tamaño de poro en la espuma.

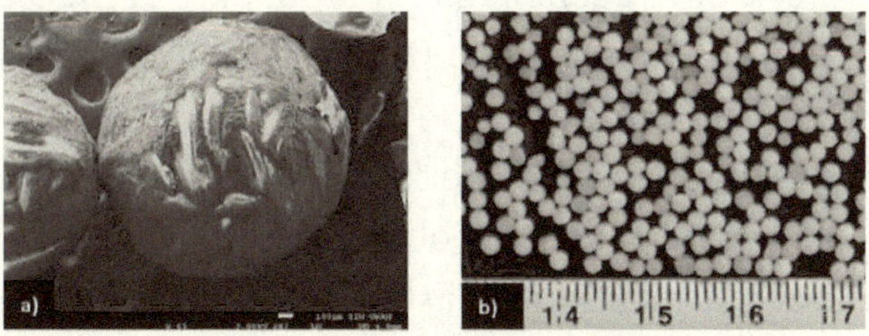

Figura 46. *Imágenes del material de sacrificio: a) micrografía de MEB de partículas de carbamida a 43 aumentos, b) imagen de microscopio óptico en la que se observa la forma y tamaño de la carbamida*

2.2.3. Ejemplos prácticos de obtención de espumas metálicas de aluminio utilizando polvos

En el ejemplo que se describirá a continuación, se empleó el método PDS (Proceso de Disolución-Sinterización) para la obtención de espumas metálicas de poro abierto, utilizando diferentes concentraciones de polvos de aluminio y carbamida. El objetivo principal fue estudiar y optimizar los parámetros de producción, evaluando la mejora de las propiedades mecánicas de las espumas metálicas obtenidas mediante esta técnica.

A continuación, se describe el procedimiento experimental.

Para la obtención de los compactos en verde se utilizó aluminio en polvo de morfología semiesférica. El sistema de sinterizado se diseñó para este propósito. Las concentraciones de polvo de aluminio y carbamida fueron las siguientes:

1. 60 % Al y 40 % carbamida.
2. 50 % Al y 50 % carbamida.
3. 40 % Al y 60 % carbamida.
4. 30 % Al y 70 % carbamida.

a. Compacto

Para obtener el compacto en verde se usó polvo de aluminio y la carbamida con un tamaño de entre 1 mm y 2 mm, y 30 ml de alcohol etílico como agente aglomerante para la mezcla. Esta se deposita en un dado cilíndrico para aplicar una presión de 300 MPa durante 10 minutos.

Para la disolución del material de sacrificio (carbamida), se sumerge en agua después de la obtención del compacto en verde y se promueve su lixiviación. Este procedimiento se realiza las veces que sean necesarias para asegurar su completa disolución.

Por último, se somete a un proceso de sacado a 80 °C para asegurar la eliminación del agua utilizada durante el proceso y proceder a la etapa de sinterización.

b. Sinterización

El sinterizado, también conocido como pulvimetalurgia, es un proceso que consiste en aplicarle presión y alta temperatura —sin llegar al punto de fusión— a un material en polvo para que se compacte y forme una pieza sólida.

Se ha determinado una temperatura óptima de sinterización utilizando para ello un equipo llamado Sinter II, cuya configuración se observa en la Figura 47. En este se colocaron los compactos en verde y se aplicó el tiramiento térmico bajo una atmósfera controlada inerte.

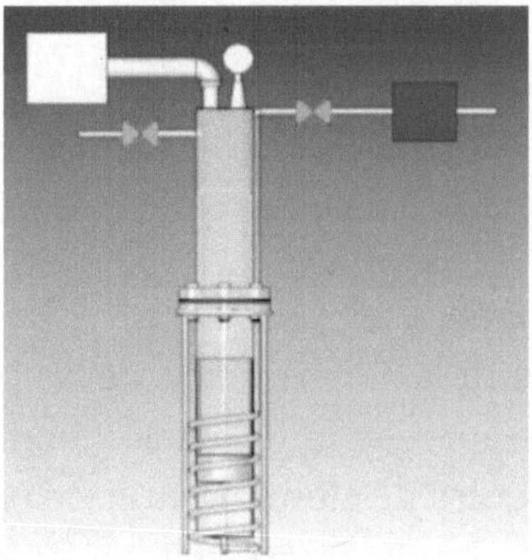

Figura 47. *Dispositivo Sinter II con sistema de vacío*

b.1. Sinterizado a 640 °C

La metodología consiste en colocar las espumas de Al en verde dentro de un tubo de acero inoxidable. En el dispositivo se realiza una limpieza de la atmósfera con ayuda de argón (Ar) para mantener presiones de 3,19974 kPa y luego se coloca el equipo en un horno de resistencia eléctrica para llevar a cabo el tratamiento térmico a 640 °C durante 2 horas.

En la Figura 48 se muestran las espumas metálicas luego del tratamiento de sinterizado a 640 °C. Se puede observar que los poros se han colapsado, perdiendo la forma esférica que dejó inicialmente la carbamida. Se pudo determinar que la temperatura de sinterizado no fue la adecuada para el polvo de aleación de aluminio.

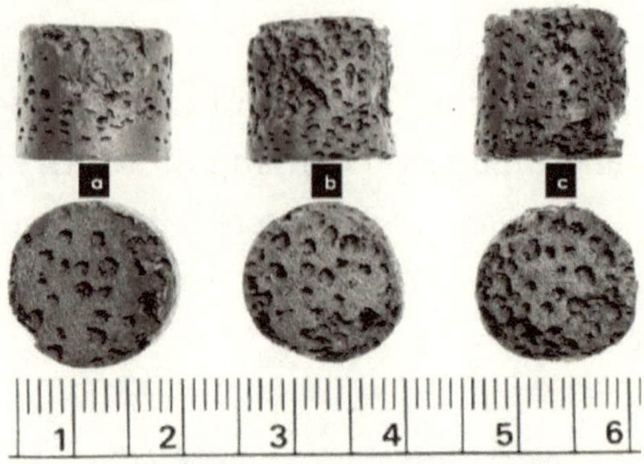

Figura 48. *Imágenes ópticas de las espumas metálicas después del proceso de sinterización a 640 °C utilizando Al-UNAM (polvo de aluminio producido en la UNAM). a) Al 60 % en masa, b) Al 50 % en masa y c) Al 40 % en masa*

b.1.1. Análisis a 640 °C

La Figura 49 muestra la sinterización de las partículas de polvo a 640 °C. Se puede apreciar la formación homogénea de cuellos metálicos en partículas de aluminio utilizadas. En la Figura 49.b se observan zonas donde se presenta la unión de más de dos partículas. En las Figuras 49.c-d se aprecia que el proceso de sinterización se llevó a cabo de manera satisfactoria, mostrando cambios en el tamaño y forma de las partículas; se observan partículas simétricas y unidas por la formación de cuellos metálicos en la periferia con otras partículas. Sin embargo, la temperatura no es adecuada debido al colapso de los poros, como se observó en el análisis macroscópico (véase la Figura 48).

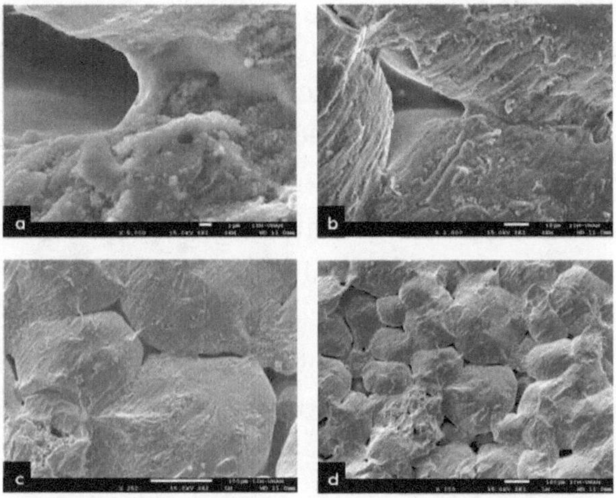

Figura 49. *Micrografías de MEB a diferentes aumentos de espumas de Al después del proceso de sinterización a 640 °C utilizando Al-UNAM a 40 % en masa. a) 5000, b) 1000, c) 250 y d) 100 aumentos*

En la Figura 50 se observan micrografías a 40 aumentos que exponen la interconexión entre los poros y la unión adecuada de las partículas dentro de los poros formados por las esferas de carbamida disueltas con anterioridad. Sin embargo, también se observa el colapso de los poros esféricos debido a la alta temperatura (640 °C); véase la Figura 50.b.

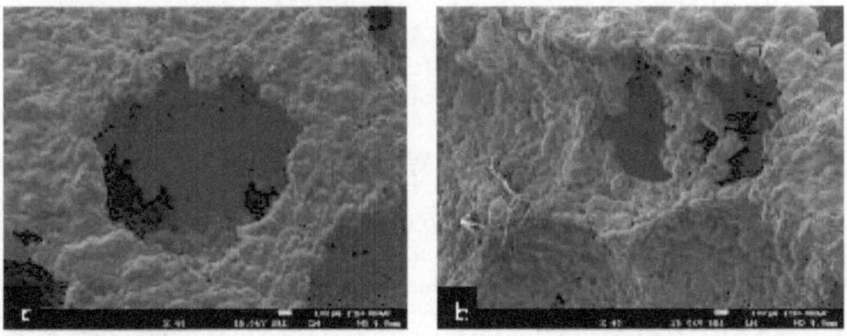

Figura 50. *Micrografías de MEB a 40 aumentos de espumas base Al después del proceso de sinterización a 640 °C a 50 % en masa. a) Corresponde a la parte central de la espuma, b) corresponde a los límites de la espuma metálica*

b.2. Sinterizado a 620 °C

Se realizaron nuevos experimentos modificando la temperatura del sinterizado. Esta vez se aplicó un tratamiento térmico a 620 °C. En la Figura 51 se observan los compactos en verde posterior al procedimiento, los que presentan mayoritariamente poros esféricos. Con ello se pudo determinar una temperatura adecuada para este tipo de polvo de aluminio.

También se puede apreciar el efecto del porcentaje de polvo de aluminio utilizado. En la Figura 51.c se observa la falta de polvo compactado y sinterizado sobre todo en la periferia de la espuma metálica.

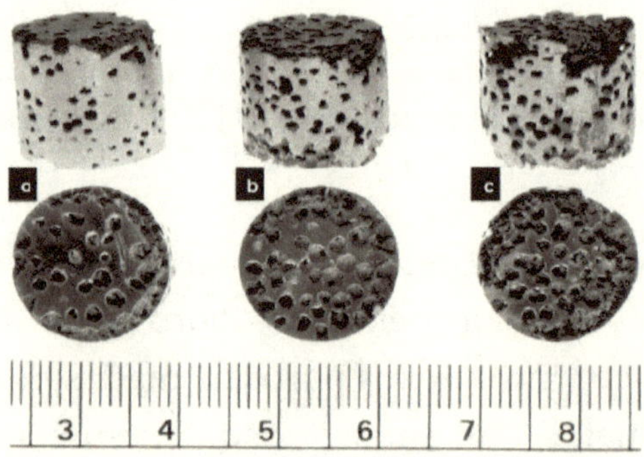

Figura 51. *Imágenes de microscopía óptica de las espumas metálicas después del proceso de sinterización a 620 °C utilizando Al-UNAM. a) Al 60 % en masa, b) Al 50 % en masa y c) Al 40 % en masa*

b.2.1. Análisis a 620 °C

En la Figura 52 se muestran las micrografías obtenidas mediante MEB de espumas de Al obtenidas a una temperatura de sinterización de 620 °C. La Figura 52.a expone una disminución de uniones en comparación con la temperatura de 640 °C. La superficie de las partículas se vuelve más continua y sin grandes defectos, como se observó en la Figura 45. El número de espacios entre partículas se incrementó (Figura 52.b) y se observó una distribución más homogénea de los cuellos entre partículas. En la Figura 52.c se aprecia un cambió en la morfología original de la partícula de polvo metálico, siendo la interconexión entre partículas amplia y definida.

Con lo anterior se pudo confirmar que a una temperatura de 620 °C se obtiene un buen sinterizado de los polvos de aluminio. En la Figura 52.c se puede observar la formación de un brazo que une varios poros esféricos del material de sacrificio. En las Figuras 53.a-b se ve la formación de interconexiones entre los poros. Esto es favorable debido a que en las espumas se busca que estas existan.

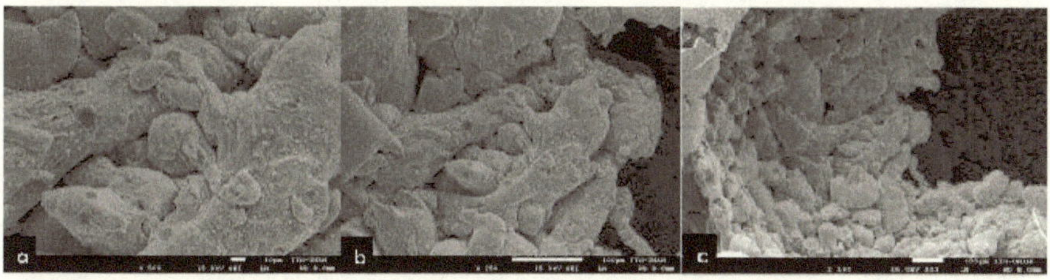

Figura 52. *Micrografías de MEB de espumas de Al después del proceso de sinterización a 620 °C, utilizando Al-UNAM a 60 % en masa. a) 500, b) 250 y c) 100 aumentos*

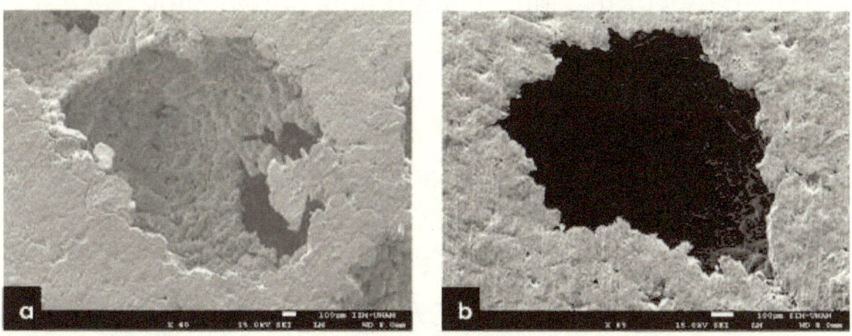

Figura 53. *Micrografías de MEB de espumas de Al después del proceso de sinterización a 620 °C utilizando Al-UNAM. a) Espuma con 50 % Al en masa a 40 aumentos, b) espuma con 60 % Al en masa a 65 aumentos*

Para comprobar la temperatura óptima de sinterización se realizaron pruebas a una temperatura de 600 °C. Una vez terminado el proceso, los resultados mostraron que no existe buena unión entre partículas por la deficiente formación de cuellos metálicos. Debido a esto, se puede confirmar que la temperatura óptima de sinterización es de 620 °C, ya que las características de las espumas metálicas son buenas.

Es importante mencionar que la composición química del metal utilizado como materia prima tiene grandes efectos en la temperatura de sinterización y en la calidad del sinterizado, ya que al manejar altos contenidos de elementos no deseados o impurezas se puede incrementar la temperatura de sinterización. Por ejemplo, si se trabaja con una aleación Al-Fe, la temperatura de sinterización se incrementa a 660 °C.

c. Caracterización mecánica por compresión

El comportamiento mecánico de los materiales es de suma importancia, puesto que determina la aplicación final y las espumas metálicas no son la excepción. Estas pruebas se realizaron en una máquina de ensayos universales, los trabajos reportados por R. Surace *et al.*, H. Bafti *et al.* y H. Gilani *et al.* muestran que existe una tendencia de los materiales porosos en la gráfica de esfuerzo-deformación a compresión, presentando tres zonas características:[63,64,65]

- Zona elástica.
- Zona de absorción de energía.
- Zona de densificación.

Para los ensayos de compresión, primero se evaluaron las espumas metálicas obtenidas a 620 °C, con un tamaño de partícula del material de sacrificio de 1-2 mm. La Figura 54 muestra el comportamiento mecánico de las espumas de Al a 60 %, 50 % y 40 % en masa de Al. El gráfico determina que, a mayores contenidos de Al, los valores de esfuerzo de fluencia y ruptura aumentan.

La espuma con 60 % en masa de Al presenta un esfuerzo de fluencia de 8,8 MPa, mientras que aquella con 50 % disminuye considerablemente, presentando un valor de 2,1 MPa.

Finalmente, la espuma con un 40 % en masa de aluminia muestra un esfuerzo de fluencia de 0,86 MPa. Modificar el porcentaje en masa de la relación material metálico-sacrificio provocó un cambio en el tipo, forma y número de interconexiones y, por lo tanto, al aumentar el contenido del material de sacrificio aumentará forzosamente el porcentaje de porosidad, provocando un cambio significativo en las propiedades mecánicas.

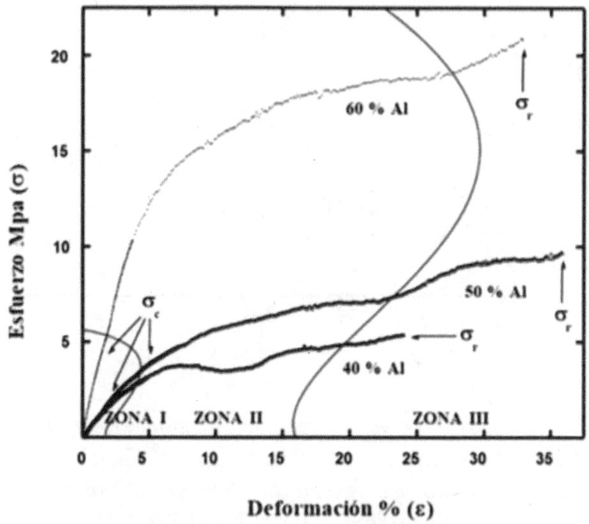

Figura 54. *Gráfico esfuerzo vs. porcentaje de deformación de espumas metálicas después del proceso de sinterización a 620 °C utilizando Al-UNAM y carbamida de 1-2 mm, 60 % en masa Al, 50 % en masa Al y 40 % en masa Al, respectivamente*[32]

Con el fin de comparar las propiedades mecánicas en término de la temperatura de sinterización y el tamaño de partícula de material de sacrificio, en la Figura 55, se muestra el comportamiento mecánico a compresión de las espumas a 60 %, 50 % y 40 % en masa de Al. Los resultados mostraron que, a mayores contenidos de Al, los valores de fluencia y ruptura aumentan. Las espumas de 60 % en masa muestran valores de fluencia de 4,3 MPa, las de 50 % de 3,9 MPa y por último las de 40 % con valores de esfuerzo de fluencia de 1,5 MPa. Con estos resultados se observó que, al disminuir el porcentaje en masa de Al, se incrementa la zona de absorción de energía y el % de deformación. Por último, la zona de densificación es amplia para los tres casos de espumas de Al.

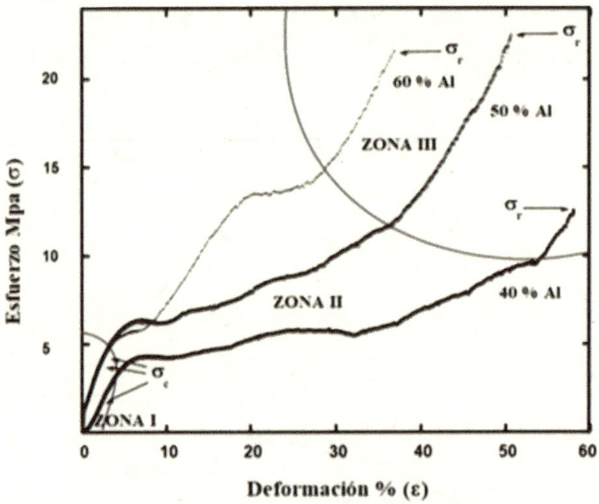

Figura 55. *Gráfico esfuerzo vs, porcentaje de deformación de espumas metálicas después del proceso de sinterización a 620 ^0C utilizando Al-UNAM y carbamida < 2 mm. 60 % en masa de Al, 50 % en masa de Al y 40 % en masa de Al, respectivamente*[32]

d. Densidad vs. porosidad

Una de las razones más importantes para el estudio de los materiales porosos tiene relación con el análisis de la densidad y la porosidad, debido a que poseen una relación estrecha con sus propiedades mecánicas, de acuerdo con R. Surface *et al.*[64] Para determinar estas propiedades físicas de las espumas es necesario precisar el diámetro, altura y peso de las muestras, en este caso cilindros. La Figura 56 muestra la variación de la porosidad de muestras en verde, en función del porcentaje del material de sacrificio y temperatura de sinterizado.

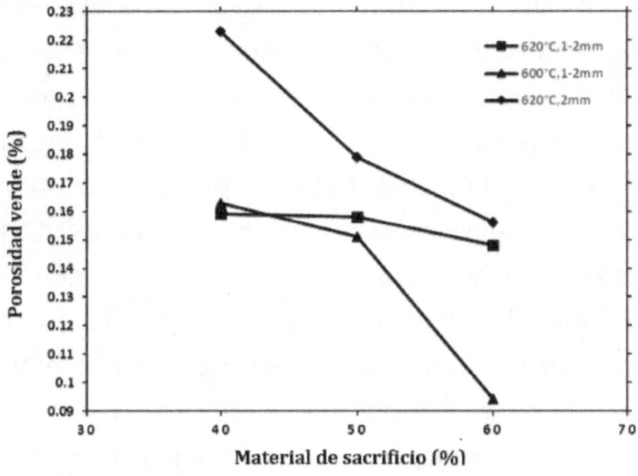

Figura 56. *Gráfico porosidad en verde vs. porcentaje en masa material de sacrificio de espumas metálicas después del proceso de sinterización, utilizando Al-UNAM. a) Espuma obtenida a 620 ⁰C y carbamida 1-2 mm (rectángulo), b) espuma obtenida a 600 ⁰C y carbamida 1-2 mm (círculo) y c) espuma obtenida a 620 ⁰C y carbamida < 2 mm (estrella)*

Es importante resaltar que los parámetros para la producción de materiales porosos son la presión de compactación, tiempo de disolución del material de sacrificio, tiempo y temperatura de sinterización y aditivos agregados.[65] Estos son importantes debido a que la porosidad en verde ayuda a comprender el proceso de compactación y tiene una alta relación con la calidad del compacto, favoreciendo el proceso de sinterización.

La Figura 56 muestra el comportamiento de la porosidad en verde de las espumas de Al conforme aumenta el porcentaje en masa del material de sacrificio. Se observó que al incrementar el porcentaje en masa del material de sacrificio disminuyen los valores de porosidad en verde.

De acuerdo con H. Bafti *et al.*,[65] las partículas del material de sacrificio (carbamida), sufren ruptura por arriba de los 350 MPa a compresión. Por lo tanto, este valor debe considerarse como límite y se aconsejan presiones entre 290 y 300 MPa.

El estudio del cambio de tamaño de partícula del material de sacrificio muestra que a tamaños de partículas grandes se logran altos valores en porosidad en verde, facilitando la unión de las partículas, lo que traería una mejora en las propiedades mecánicas.

Por otro lado, la porosidad es la principal característica por la cual los materiales celulares se ven favorecidos en aplicaciones de alto valor agregado con respecto a otro tipo de materiales.

En la Figura 57 se observa el comportamiento de la porosidad de las espumas con respecto al porcentaje en masa del material de sacrificio. Se observa que al incrementar el porcentaje en masa del material de sacrificio aumenta la porosidad.

También se ha observado que la manufactura del proceso de obtención de espumas propuesto es satisfactoria, debido a que los valores de porosidad no presentan amplias variaciones, para condiciones similares. Lo anterior es atribuido a la temperatura de sinterización o al cambio del tamaño de partícula del material de sacrificio.

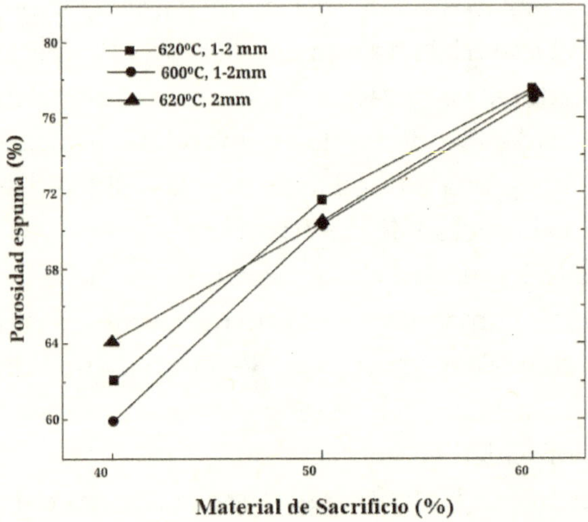

Figura 57. *Gráfico porosidad de la espuma vs. porcentaje en masa del material de sacrificio de espumas metálicas después del proceso de sinterización utilizando Al-UNAM*

2.2.4. Fabricación de espumas metálicas por método de infiltración (vía líquida)

a. Aspectos de diseño para el dispositivo/proceso

Como se mencionó previamente, en los procesos de fabricación de espumas metálicas por infiltración, la aleación fluye a través de una preforma para crear la estructura celular deseada. Para llevar a cabo este proceso, se requiere un crisol que sea capaz de contener tanto la preforma como los materiales de la aleación que se fundirán e infiltrarán. Además, el crisol debe estar provisto de un conducto que permita realizar el vacío y la inyección de gases. Finalmente, el material del crisol debe ser resistente a la corrosión a altas temperaturas, lo que asegurará una vida útil prolongada del dispositivo y evitará la posible contaminación del metal por óxidos durante el proceso de infiltración.

Otro factor clave es la distribución homogénea del calor dentro del crisol. Aunque no existe un riesgo significativo de formación de rechupes o cavidades en la fabricación de espumas, es esencial asegurar que la solidificación comience en la parte más baja del crisol. Esto facilita que el flujo de metal líquido pueda alcanzar todas las áreas de la preforma, garantizando que el frente de infiltración mantenga una temperatura adecuada para evitar la solidificación prematura al entrar en contacto con la preforma y asegurando que cubra eficientemente todas sus zonas.

Tomando en cuenta estos elementos, el proceso de diseño del crisol se plantea de la siguiente forma:

- **Diseño del reactor:** en este apartado se aborda la geometría de los componentes del crisol, la definición de los elementos de sujeción y sellado, así como la tubería para el flujo de gases. De esta manera, el concepto del crisol incluye los siguientes elementos:

- **Cámara del crisol:** La cámara tiene una forma cilíndrica y está completamente sellada mediante dos tapas en sus extremos para asegurar la estanqueidad.
- **Tapa superior:** La tapa superior está integrada para reducir al mínimo las fugas que podrían afectar el vacío o la presión. Además, las tapas cuentan con una ranura para insertar un sello de grafito y permitir un ajuste preciso en la cámara. La tapa inferior se encuentra diseñada con barrenos roscados que facilitan la sujeción mediante pernos.
- **Sistema de sujeción:** El sistema de sujeción está compuesto por pernos, tuercas y rondanas, los cuales aseguran un cierre firme y estable.
- **Soporte y barra de carga:** Se ha incorporado un soporte y una barra de carga que permiten manipular y retirar el crisol del horno de forma segura y eficiente.

- **Selección de material y determinación de especificaciones:** en esta fase, se definieron con exactitud las dimensiones y características detalladas del crisol destinado a la infiltración. Este diseño consideró las condiciones operativas, el material seleccionado para su fabricación y las dimensiones del horno disponible para realizar el proceso.

b. Condiciones y requerimientos de operación

- Presión de operación desde vacío hasta 10^{-3}Torr.
- Ciclos de trabajo continuos a elevadas temperaturas (200°C -1100°C) por tiempos de hasta 2 horas.
- Transferencia de calor suficiente para fundir el metal.

$$Q_r = q * A = - kA\frac{dT}{dr}$$

$$\sigma = \frac{\mathrm{T}}{} q * A = - kA\frac{dT}{dr}$$

- Resistencia al esfuerzo ejercido por el aumento de la presión interna.
- Reducción al máximo el peso.
- Resistencia a la corrosión por operación a altas temperaturas.
- Construcción con un material maquinable para poder realizar reparaciones y mantenimiento, así como para siempre poder generar en la superficie un acabado fino y evitar acumulación de residuos por elevada rugosidad.
- Capacidad para producir distintos volúmenes de producción, adaptándose a las dimensiones del horno a utilizar.
- Costo accesible y disponibilidad del material.

Una vez definidos los requerimientos para el funcionamiento, se realiza un análisis sobre la base del método de selección de materiales de Ashby[21] y el índice de desempeño (*Performance Index*) de un material.

A partir de la ecuación de radiación de calor y del análisis de los esfuerzos causados por el incremento de presión, se derivaron relaciones adimensionales relacionadas con el factor de costo. Con el uso del programa CES Edupack, se consiguió establecer una relación lineal que facilitó la identificación y selección de los materiales más adecuados para la aplicación en cuestión. El análisis completo se presenta en la Figura 58.

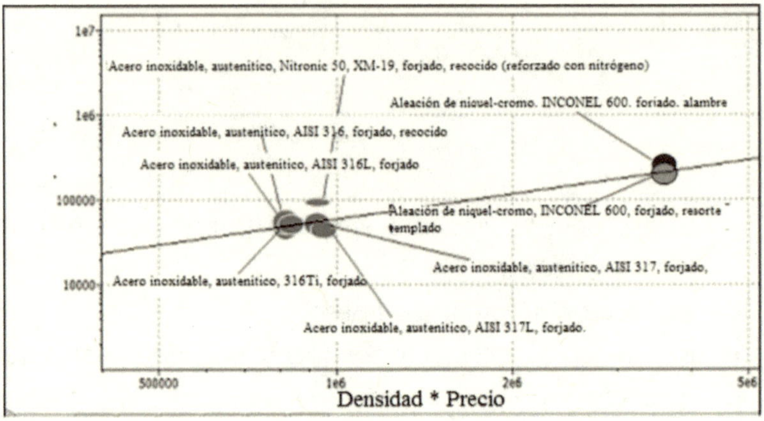

Figura 58. *Diagrama de Ashby. Ya con las especificaciones establecidas se indican los dos materiales más aptos para la aplicación, modificado de referencia*[67]

De acuerdo con los datos obtenidos de la literatura, se optó por utilizar acero inoxidable austenítico 316 para la fabricación del crisol. Esta decisión se fundamentó en las características de los procesos de infiltración estudiados, teniendo en cuenta las propiedades del material, tales como su resistencia a la corrosión, su estabilidad térmica y su capacidad para soportar las condiciones operativas particulares del proceso,[36,41] teniendo en cuenta los siguientes aspectos:

- **Coeficiente de expansión térmica reducido (16,5 x 10^{-6} 1/K):** para evitar alteraciones significativas en las dimensiones durante la etapa de fundición, es fundamental seleccionar un material con un coeficiente de expansión térmica controlado. Este factor es crucial, ya que, al operar en condiciones de vacío, los componentes del crisol deben mantener tolerancias de ensamblaje muy estrictas.

  Cualquier expansión provocada por la exposición a altas temperaturas podría generar esfuerzos indeseados entre las piezas, lo que comprometería la integridad del sistema y afectaría negativamente el rendimiento del proceso de infiltración. Por lo tanto, la elección del material y el diseño del crisol deben asegurar una estabilidad dimensional adecuada bajo las condiciones operativas extremas.[67]

- **Conductividad térmica reducida:** el material seleccionado para el crisol debe tener una conductividad térmica adecuada (14,6 W/m·K) para garantizar una transferencia de calor eficaz durante la fundición del material. No obstante, es igualmente importante que el crisol no disipe el calor demasiado rápido. De hecho, la capacidad de disipación térmica del material debe ser aproximadamente un 50 % menor que la del acero al carbono.

  Esta propiedad favorece la retención del calor durante el proceso de infiltración, evitando el enfriamiento prematuro del frente de infiltración. Como resultado, se asegura que el proceso se realice de manera eficiente y controlada, mejorando la calidad de la infiltración y la estructura final del material.
- **Capacidad de maquinado:** el acero inoxidable ofrece una excelente maquinabilidad, lo que lo convierte en un material ideal para la fabricación y mantenimiento de piezas, como en el caso del crisol. Esta propiedad facilita la obtención de un acabado superficial preciso y con parámetros de rugosidad controlados, lo cual es esencial para preservar la resistencia a la corrosión del material.

  Cualquier irregularidad o punto de anclaje en la superficie del acero inoxidable puede comprometer la regeneración de la capa pasiva, lo que podría dar lugar a picaduras y deterioro del material. Por esta razón, el acabado superficial es un factor crítico en el diseño de componentes fabricados con acero inoxidable, ya que garantiza la integridad y durabilidad del crisol en condiciones operativas exigentes.

- **Resistencia a la fatiga térmica y oxidación por altas temperaturas:** el acero inoxidable 316 presenta un esfuerzo de fatiga notablemente resistente a un alto número de ciclos, lo que garantiza que la resistencia mecánica del crisol no se vea comprometida por los ciclos de esfuerzo térmico durante su operación.

  En cuanto a su resistencia a la corrosión, su bajo contenido de carbono y la presencia de molibdeno ayudan a minimizar la formación de carburos de cromo, incluso cuando se encuentra en el rango de sensibilización (entre 450°C y 850°C), un intervalo de temperaturas al que estará expuesto de manera continua durante los procesos de fundición e infiltración. Esta característica no solo mejora su resistencia a la corrosión, sino que también extiende la vida útil del dispositivo, asegurando un desempeño confiable y duradero bajo condiciones operativas exigentes.[67]
- **Elevada resistencia mecánica:** El acero inoxidable presenta una alta resistencia mecánica, con un esfuerzo de fluencia de 210 MPa y un módulo elástico de 200 GPa, lo que lo hace adecuado para soportar el aumento de presión generado durante la etapa de inyección de gas.

  Además, su robustez le permite resistir impactos y cambios bruscos de temperatura, características esenciales para garantizar la integridad y durabilidad del crisol en condiciones operativas exigentes. Estas propiedades mecánicas aseguran que el material conserve su funcionalidad y resistencia incluso frente a los esfuerzos térmicos y mecánicos asociados a los procesos de fundición e infiltración.

Con toda la información recopilada, el material ya definido y las dimensiones del horno a utilizar, es posible determinar las dimensiones finales del crisol. Un ejemplo del crisol que se diseñó se presenta en la Tabla 6, la composición de su aleación se muestra en la Tabla 7; mientras que en la Figura 59 se ve el detalle en isométrico y el ensamblaje de sus componentes.

Tabla 6. *Especificaciones del contenedor fabricado*

Material de fabricación	**Crisol de infiltración-acero inoxidable 316** **Tubo para flujo de gases-acero inoxidable 304**
Dimensiones generales	Alto 27 cm, diámetro (con tapas) 16 cm
Dimensiones de la cámara	Diámetro exterior 10 cm, diámetro interior 8 cm Espesor 10 mm
Dimensiones del tubo para flujo de gases	Diámetro 1,27 cm, largo: 70 cm
Componentes adicionales	Pernos, rondanas y tuercas de acero inoxidable de 1/2 in. Sellos para vacío de hoja de grafito de 1/8 in de espesor

Tabla 7. *Composición química del material disponible para la fabricación del crisol*

	Medición 1		**Medición 2**		**Valor promedio**	
Elemento	Porcentaje en masa	Porcentaje atómico	Porcentaje en masa	Porcentaje atómico	Porcentaje en masa	Porcentaje atómico
Si K	0,78	1,5	0,73	1,36	0,755	1,455
Cr K	18,42	19,75	18,1	18,21	18,26	18,98
Mn K	1,75	1,78	1,74	1,65	1,745	1,715
Fe K	64,32	64,18	62,49	58,56	63,405	61,37
Ni K	11,36	10,79	11,43	10,19	11,395	10,49
Mo L	3,36	1,95	2,94	1,61	3,15	1,78

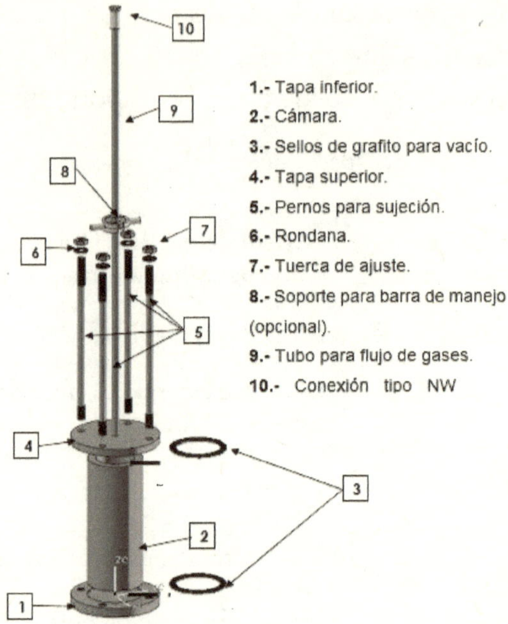

Figura 59. *Componentes del crisol diseñado para el proceso de infiltración*[59]

c. Descripción de los componentes elementales del crisol para infiltración

- **Cámara:** Consiste en una pared cilíndrica con un espesor controlado, lo que asegura una transferencia de calor uniforme. Su baja conductividad térmica permite concentrar el calor en la zona de la preforma, facilitando un flujo de metal más homogéneo durante el proceso de infiltración. Además, su robustez le otorga mayor versatilidad y resistencia a los impactos propios de su manipulación y operación.

  El crisol fue diseñado para operar de manera hermética, ya que una de las innovaciones clave del proceso de infiltración propuesto en este estudio es la creación de un vacío en la cámara antes de la infiltración con presión del metal. Este vacío mejora significativamente el flujo del metal sin necesidad de emplear presiones excesivas, lo que reduce la fatiga del material y prolonga la vida útil del dispositivo. Este enfoque no solo optimiza el proceso de infiltración, sino que también mejora la eficiencia y durabilidad del sistema en su totalidad.

- **Tubería para flujo de gases:** facilita el flujo de gases tanto para la generación de vacío como para la inyección de gas argón durante la infiltración. Está fabricado en acero inoxidable para proporcionar una mayor resistencia a la corrosión provocada por el paso de gases calientes en el proceso. Este componente se conecta al sistema de válvulas (que se describe más adelante) para controlar las operaciones de vacío e infiltración.
- **Pernos de sujeción:** ubicados en la parte externa del crisol, estos están diseñados para liberarse en caso de que ocurra un atascamiento, previniendo así posibles daños al crisol principal. Se disponen en un conjunto de cuatro para asegurar un asentamiento más uniforme y homogéneo de las tapas.

Se recomienda que todas las piezas funcionales del crisol (cuerpo y tapas) sean maquinadas con los parámetros adecuados para obtener un acabado con valores de rugosidad similares a los de un acabado n.° 4 de acero inoxidable, considerado un acabado sanitario. Esto asegura un mejor rendimiento del crisol al optimizar su funcionalidad y facilitar su limpieza y mantenimiento.

Figura 60. *Contenedor manufacturado*[59]

d. Sistema de válvulas

Como se mencionó anteriormente, una parte clave de la innovación del dispositivo y del proceso de infiltración propuesto consiste en la inclusión de una etapa de vacío antes de la infiltración. Sin embargo, para llevar a cabo las etapas de control de gases de manera secuencial, es necesario implementar un sistema de válvulas, que se esquematiza en la Figura 61, con el fin de regular la inyección y evacuación de gases durante todo el proceso de fabricación, incluido el tratamiento de la preforma. Por esta razón, se diseñó un sistema que integra los elementos mostrados en la figura mencionada.

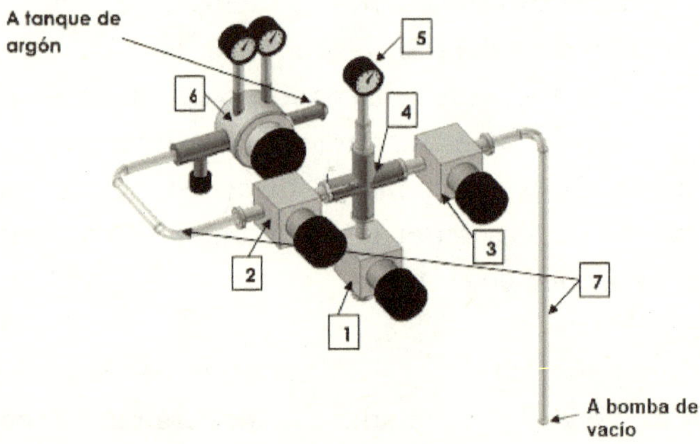

Figura 61. *Esquema representativo de los componentes del sistema de válvulas*

Descripción de los componentes:

1. Válvula para control de crisol.
2. Válvula para inyección de argón.
3. Válvula para vacío.
4. Conector en cruz con terminal NW.
5. Manovacuómetro de tubo de Bourdon.
6. Regulador para tanque de gas argón.
7. Conexión flexible.

En la Figura 62 se muestra el arreglo del sistema de válvulas y conexiones de tipo NW, características para sistemas de vacío y la facilidad del manejo.

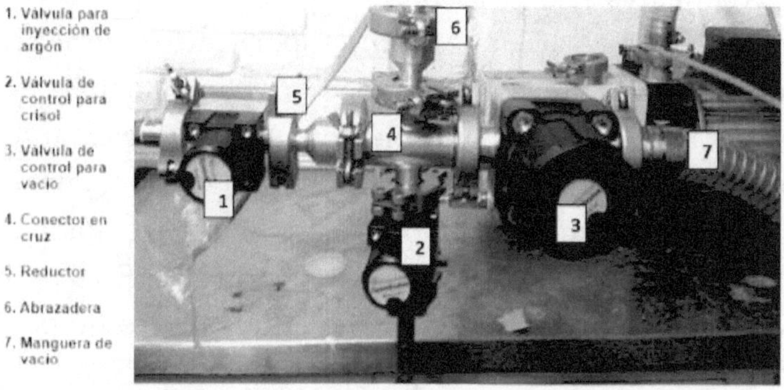

Figura 62. *Sistema de válvulas para equipo de infiltración*

Para medir la presión durante el proceso de generación de vacío y establecer una atmósfera controlada de argón, se utilizaron dos dispositivos de medición de vacío:

a. Para medir la presión de inyección durante la infiltración del metal fundido se instaló un manovacuómetro analógico de tubo de Bourdon.
b. Para la generación de vacío se empleó un sensor Pirani (Figura 63).[b]

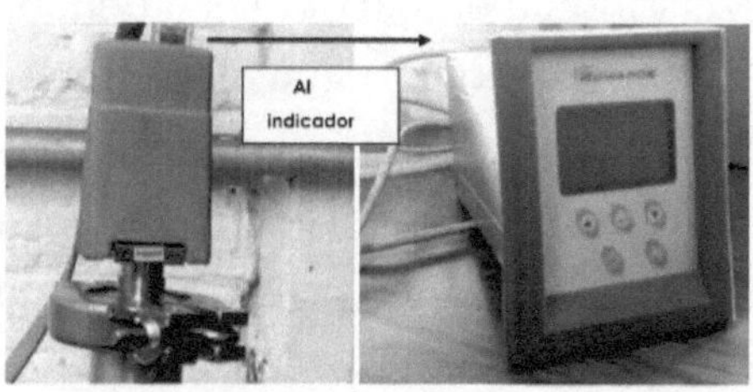

Figura 63. *Sensor Pirani y display indicador de vacío*

b El medidor de Pirani, diseñado en 1906, da una medida de la presión a través de la variación de la conductividad térmica del gas. Este dispositivo consta de un filamento metálico suspendido en un tubo en el sistema de vacío y conectado a una fuente de voltaje o corriente constante.

e. **Método de análisis y preparación de preforma orgánica (NaCl-harina)**

Las preformas de NaCl-harina de trigo pueden ofrecer características similares a las de las preformas formadas exclusivamente por partículas de NaCl, tales como soporte estructural, resistencia mecánica a la presión generada por el flujo de metal durante la infiltración y una rápida disolución. Además de las anteriores, el componente orgánico de la harina de trigo otorga flexibilidad a las partículas durante su fabricación, lo que facilita la conformación de partículas con distintas morfologías. Esto permite, a su vez, generar preformas con diferentes niveles de porosidad utilizando un mismo tipo de partícula.

La resistencia de las partículas en las preformas orgánicas, además de la proporcionada por el contenido de NaCl, debe aumentarse mediante un tratamiento posterior de calcinación. Este proceso funciona como un sinterizado del compuesto NaCl-harina y tiene como propósito eliminar la mayor parte de los componentes orgánicos. De esta forma, se reduce la posible contaminación del metal líquido durante la infiltración, así como la liberación no deseada de gases generados por la combustión de los residuos orgánicos.[6]

La preparación de la mezcla implica la incorporación de agua como aglutinante para unir los componentes restantes y convertir la mezcla inicial en partículas o pellets. De este modo, el compuesto de harina-NaCl-agua debe tener una composición que cumpla con ciertas características: un contenido suficiente de NaCl para evitar la disolución prematura de la preforma durante la infiltración, mientras se asegura una velocidad de disolución adecuada.

f. **Contenido de harina de trigo suficiente para dar flexibilidad a las partículas**

En este paso, el contenido de agua debe ser el adecuado para que la mezcla adquiera una consistencia sólida, pero a la vez plástica, lo que permita la formación de pellets o partículas con diferentes morfologías. Posteriormente, los pellets serán sometidos a tratamientos de secado y calcinación.

Para cumplir con los requisitos mencionados anteriormente, es fundamental establecer con precisión la composición de la mezcla de NaCl y harina de trigo. Goodall *et al.*[40] propusieron un ternario NaCl-harina-agua (Figura 64). En este se señalan tres zonas: óptima, zona seca y húmeda, mismas que están en relación con el estado de la mezcla.

La zona óptima engloba todas las combinaciones posibles en las que la mezcla puede, en teoría, alcanzar la consistencia sólido-plástica deseada. Sin embargo, durante los experimentos, estas mezclas pueden mostrar comportamientos como húmedas o secas. Por lo tanto, la composición ideal debe determinarse tomando como referencia las composiciones indicadas en el diagrama de la Figura 64, complementadas con análisis experimentales que incluyan ensayos de calcinación y disolución.

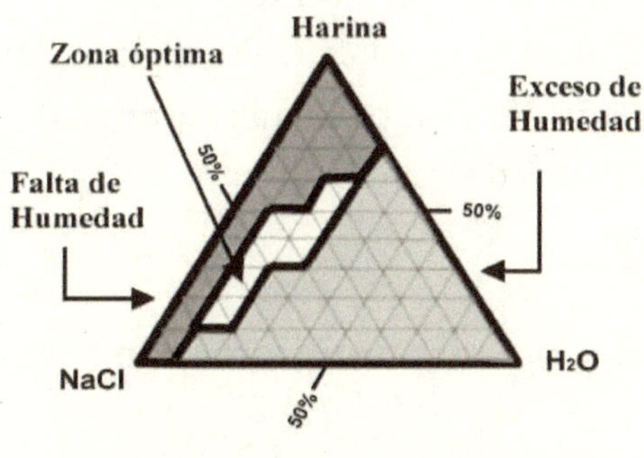

Figura 64. *Diagrama ternario harina, NaCl, agua. Las concentraciones se indican como porcentaje en masa*[40]

g. Determinación de composición de la mezcla NaCl-harina para las preformas fabricadas

La composición de la mezcla debe establecerse en función de las composiciones señaladas en la zona óptima del diagrama ternario NaCl-harina-H2O. Las principales características que se deben lograr son una alta solubilidad, junto con una notable resistencia a la abrasión y a la compresión causada por la presión del flujo de metal durante la etapa de infiltración.

Tabla 8. *Composición de las mezclas modificadas para la elaboración de preformas*

Mezcla (Número)	Cantidad de NaCl, % en masa	Cantidad de harina,% en masa	Cantidad de agua,% en masa
1	64,9	8,65	26,4
2	65,9	9,7	24,4
3	67,9	9,7	22,4

La Tabla 8 presenta una selección de tres mezclas que poseen buenas características para elaborar las preformas.

A continuación, se presentan los parámetros para los tratamientos de secado y calcinación:

- Tratamiento para la eliminación de humedad a 100 °C durante al menos 3 horas (el tiempo puede ser mayor para preformas con partículas grandes).
- Tratamiento de calcinación a 370 °C durante 20-25 minutos.

h. Preparación y peletización (formación de partículas) de la mezcla

- **Molienda de NaCl**: Inicialmente, se lleva a cabo una molienda de los granos de NaCl para conseguir una distribución más homogénea con la harina de trigo, lo que facilita la aglomeración de las partículas. La molienda se realiza utilizando medios mecánicos con molinos de bolas, y el tamaño ideal del grano de NaCl es aproximadamente de 0,1 mm.

- **Adición de componentes y mezclado:** Una vez determinadas estas cantidades, se incorporó la mezcla de NaCl-H2O-harina en un equipo de mezclado. Este proceso continuó hasta alcanzar una distribución uniforme de los tres componentes y obtener una consistencia sólido-plástica, de manera que la mezcla no presentara deformaciones.
- **Formación de partículas o peletización:** este proceso consiste en generar (a partir de la mezcla NaCl-H_2O-harina) partículas o *pellets* que, en conjunto, darán lugar a la preforma. Se puede considerar como peletización, ya que es un proceso bastante similar al utilizado en la industria para generar partículas de distintos materiales.[36] Por ejemplo, para el desarrollo de ciertos trabajos, las características y las herramientas utilizadas dependieron del tamaño y la morfología requerida en las partículas. En el caso de las partículas con morfología cilíndrica-irregular (Figura 65) y morfología poligonal irregular (Figura 65.c), se utilizó un extrusor adaptado con un dado y un cortador especial para obtener las partículas con las dimensiones y la forma deseadas.

Figura 65. *Partículas (pellets) con diferente morfología: a) semiesférica de 5 mm, b) semiesférica de 3 mm, c) poligonal de 2 mm*

- **Elaboración de las preformas:** En esta etapa, las partículas se disponen dentro del crisol para la infiltración, aplicando una presión de aproximadamente 1 kg/cm^2, lo que asegura la presencia de espacios entre las partículas y favorece el flujo adecuado del metal durante la infiltración. En la Figura 66, se puede observar el crisol con las partículas, el cual tiene una altura de alrededor de 6 cm y un diámetro de 8 cm.

Figura 66. *Preforma colocada en el crisol de infiltración, ya preparado con recubrimiento de nitruro de boro*

i. Tratamientos térmicos para eliminación de humedad y calcinación

j.1. Eliminación de la humedad

Este tratamiento se llevó a cabo en dos pasos:

1. Eliminación de humedad en los *pellets*.
2. Eliminación de humedad en la preforma.

El primero tiene como objetivo eliminar el exceso de humedad en las partículas recién fabricadas por extrusión, lo que podría causar una fácil aglomeración y adhesión de estas durante el ensamblaje de la preforma. Este proceso se realizó en un horno secador a 100 °C durante un tiempo promedio de 15 minutos (véase el esquema en las Figura 67 y 68).

El segundo paso del tratamiento consiste en eliminar la humedad de la preforma y evitar que las partículas se expandan durante la calcinación. Este proceso se lleva a cabo a 100 °C durante 4 horas, con la preforma situada dentro del crisol para la infiltración.

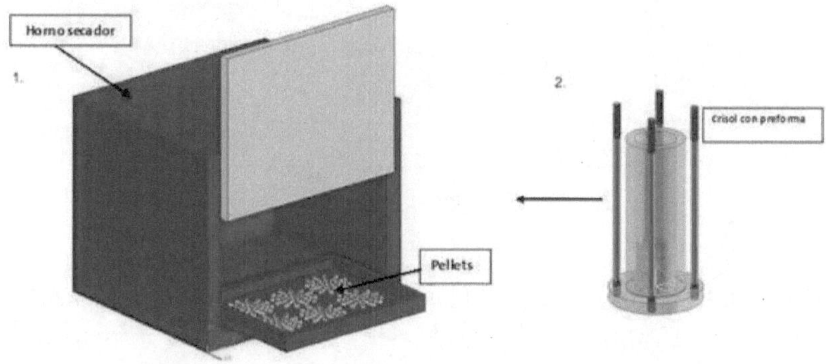

Figura 67. *Esquema de preforma ya colocada para la eliminación total de la humedad*

Figura 68. *Preforma preensamblada y crisol preparado para tratamiento de eliminación de la humedad*

j.2. Tratamiento de calcinación de la preforma

El propósito de la calcinación de la preforma es disminuir la cantidad de componentes orgánicos presentes y otorgar a la preforma mayor resistencia para resistir la compresión causada por la presión unitaria, generada por el flujo de metal fundido durante la infiltración. El ciclo del tratamiento de calcinación se presenta en la Figura 69, donde se especifican la temperatura y el tiempo recomendados para este proceso.

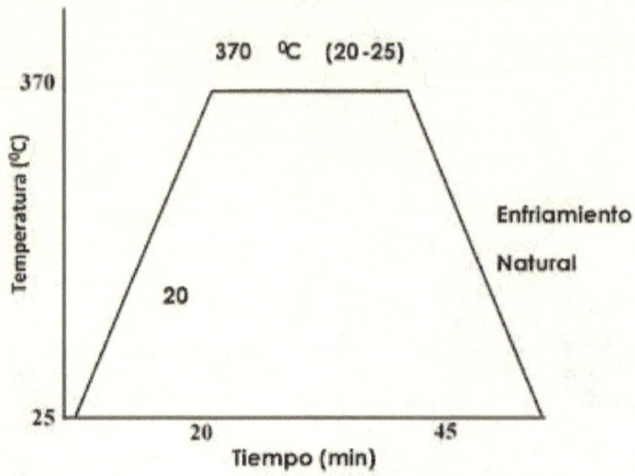

Figura 69. *Parámetros de aplicación del tratamiento para calcinación de la preforma*

En la Figura 70 se muestra una preforma después del proceso de calcinación, en la que las partículas están unidas, dejando espacios entre ellas, por donde fluirá el metal fundido para ocupar dichos huecos.

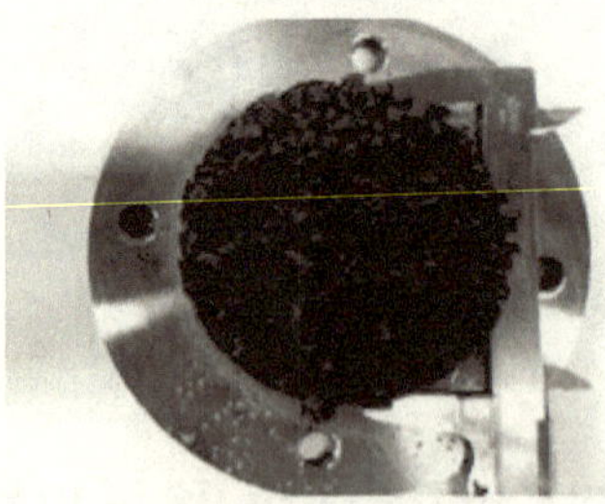

Figura 70. *Características de la preforma, ya sometida al tratamiento de calcinación*

2.2.5. Infiltración de las espumas

a. Preparación del proceso, carga de aluminio

En esta fase, se coloca la carga de aluminio dentro del crisol para el proceso de infiltración. La cantidad de aluminio se calcula en función del volumen de la preforma, comenzando con la cantidad necesaria para llenar dicho volumen, y luego multiplicando por la porosidad de la preforma. A esta cantidad se le añade un porcentaje adicional para asegurar una infiltración completa del material en la preforma, con el objetivo de reducir la aparición de defectos y la posibilidad de rechupes.[38]

b. Generación de vacío

El proceso de creación de vacío en el crisol se realiza con la ayuda de una bomba de hélice, conectada a través de un sistema de válvulas previamente descrito. El objetivo principal de este procedimiento es reducir al máximo la cantidad de oxígeno presente en el interior del crisol, generando un vacío en todos los espacios de la preforma. Esto ayuda a minimizar la oxidación del metal a infiltrar cuando se expone a altas temperaturas.

Este proceso tiene una duración mínima de 20 minutos e incluye tres ciclos de purga con gas argón. La presión de vacío alcanzada mediante una bomba mecánica varía entre 10-2 y 10-3 torr. En la Figura 71 se muestra un diagrama del sistema instalado, que incluye el flujo de vacío y el sistema de válvulas, así como una imagen del equipo en el horno vertical, listo para comenzar la etapa de fundición e infiltración.

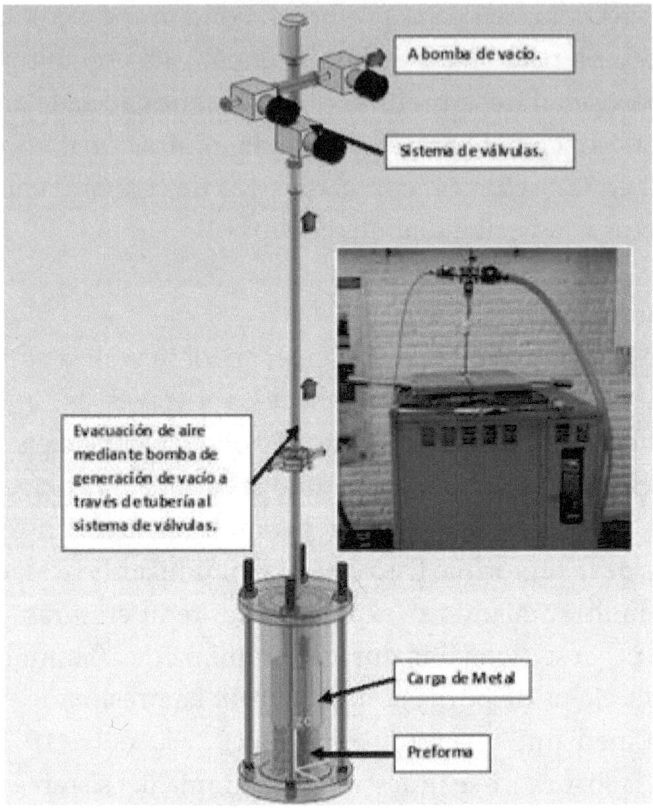

Figura 71. *Esquema representativo de la etapa de generación de vacío, en la imagen se presenta esta etapa en el equipo utilizado*

c. c. Etapa de fundición

En esta fase, la temperatura de fusión se determina en función del punto de fusión del metal que se desea infiltrar, la capacidad del horno que se utilizará y los datos publicados por Eardley,[43] con el objetivo de evitar la semisolidificación del frente de infiltración.

En la Figura 72 se presenta el ciclo de calentamiento, donde se detallan los parámetros de tiempo (90 minutos) y temperatura (750 °C). Esta temperatura es superior al punto de fusión del aluminio, el cual ha sido previamente registrado en la literatura, para asegurar una infiltración adecuada y efectiva del material,[43,45] manteniendo una fluidez adecuada y evitando la pérdida de temperatura en el frente de infiltración al entrar en contacto con la preforma. Esto asegura que el sistema conserve suficiente energía para recuperar la temperatura después de que se genere el calor latente de fusión, logrando así una infiltración óptima y uniforme.[43]

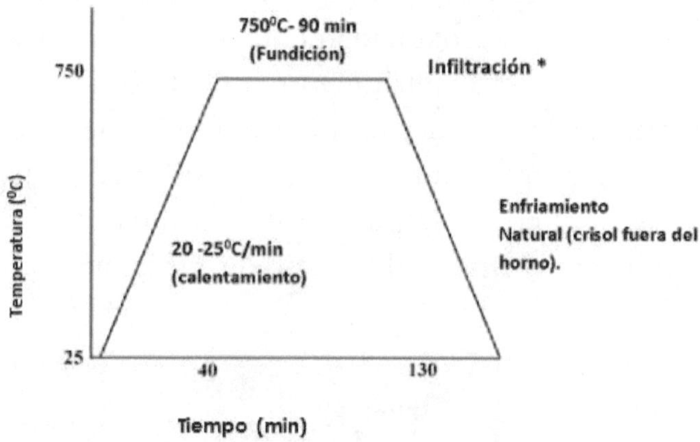

Figura 72. *Parámetros de control para la etapa de fundición e infiltración de aluminio*

d. Etapa de infiltración y enfriamiento

El proceso de infiltración comienza una vez completado el ciclo de calentamiento durante la etapa de fundición. La generación de vacío se detiene 10 minutos antes del inicio de la infiltración. A través del sistema de válvulas, se realiza la evacuación del aire y se inyecta gas argón. La presión de inyección alcanza un máximo de 2 kg/cm^2, con una tasa de incremento aproximada de 0,25 kg/cm^2 por minuto, iniciando el proceso en el crisol desde1,5 kg/cm^2.[36-38,41-45]

El proceso de infiltración comienza una vez completado el ciclo de calentamiento durante la etapa de fundición. La generación de vacío se detiene 10 minutos antes del inicio de la infiltración. A través del sistema de válvulas, se realiza la evacuación del aire y se inyecta gas argón. La presión de inyección alcanza un máximo de 2 kg/cm^2, con una tasa de incremento aproximada de 0,25 kg/cm^2 por minuto, iniciando el proceso en el crisol desde 1,5 kg/cm^2.

Durante esta fase, se aplica presión al crisol dentro del horno por un período de 30 minutos. Una vez finalizado este tiempo, el crisol se retira del horno y se coloca sobre una base de cobre. En este punto, la presión se mantiene constante hasta que la temperatura desciende a aproximadamente 400 °C. La placa de cobre tiene la función de facilitar un enfriamiento direccional, el cual ocurre principalmente desde la parte inferior de la preforma.[57] La Figura 73 muestra un esquema del sistema, junto con una imagen real del crisol después de ser extraído del horno, momento en el que da inicio el proceso de enfriamiento.

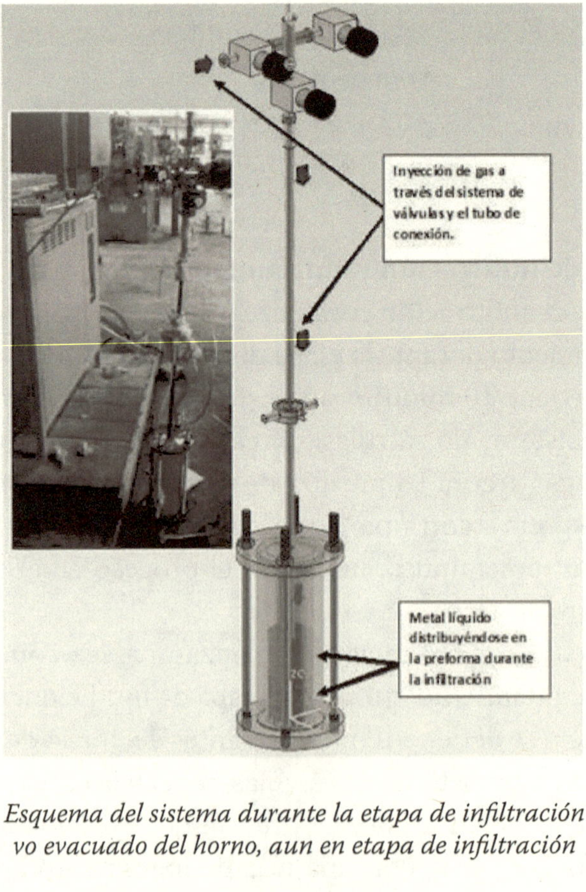

Figura 73. *Esquema del sistema durante la etapa de infiltración y dispositivo evacuado del horno, aun en etapa de infiltración*

La Figura 74 presenta una secuencia del proceso de enfriamiento del crisol, desde su etapa inicial hasta el punto en que pierde su tonalidad naranja y alcanza una temperatura aproximada de 400 °C.

Figura 74. *Crisol durante distintas etapas del enfriamiento, implementación de placa de cobre para enfriamiento acelerado desde la parte inferior del crisol*

e. Preparación de muestras para caracterización estructural y mecánica

e.1. Desmontado de muestras a partir del crisol para infiltración

Para extraer el espécimen infiltrado, se procede al desmontaje del crisol, retirando los pernos roscados, el sistema de válvulas y abriendo las tapas. Luego, la extracción del espécimen se lleva a cabo mediante el uso de una prensa y un punzón. En la Figura 75.a se muestra el espécimen infiltrado correctamente extraído del crisol.

A continuación, se realiza un maquinado de rectificación utilizando un torno mecánico, con el objetivo de evaluar la calidad del proceso de infiltración y detectar posibles defectos en la preforma infiltrada. La Figura 75.b presenta el espécimen infiltrado y rectificado, donde se aprecia una distribución homogénea de las partículas.

Estas partículas, tras un proceso de disolución, dejarán espacios huecos e interconectados.[22]

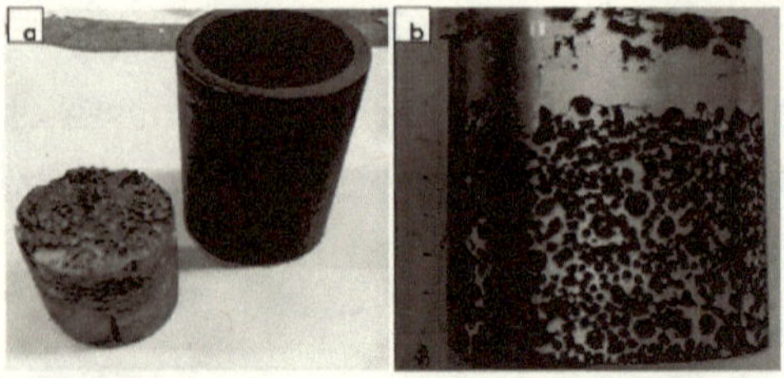

Figura 75. *Ejemplo de espuma: (a) recién obtenida del proceso, (b) maquinada para revisión*

e.2. Fabricación de especímenes para pruebas mecánicas

Para obtener los especímenes destinados al ensayo de compresión, es necesario cortarlos y maquinarlos antes de aplicar el proceso de disolución de la preforma. Este procedimiento tiene como finalidad facilitar el maquinado, evitando daños en los bordes o caras de las celdas y garantizando la producción de probetas de alta calidad.[18]

Las muestras se fabrican siguiendo la norma ASTM E9-89a para pruebas de compresión, en concordancia con lo reportado por Ramamurty, Cao y Onck,[47,61,62] donde se establece que la altura de la probeta debe determinarse en función del tamaño de la celda o poro. Se recomienda que la relación entre la altura y el diámetro de la celda (L/d) sea igual o superior a 8, con el propósito de minimizar las variaciones ocasionadas por la presencia de bordes de celdas sin carga de esfuerzos.[61] La Figura 76 muestra el acabado final de cuatro probetas para pruebas de compresión.

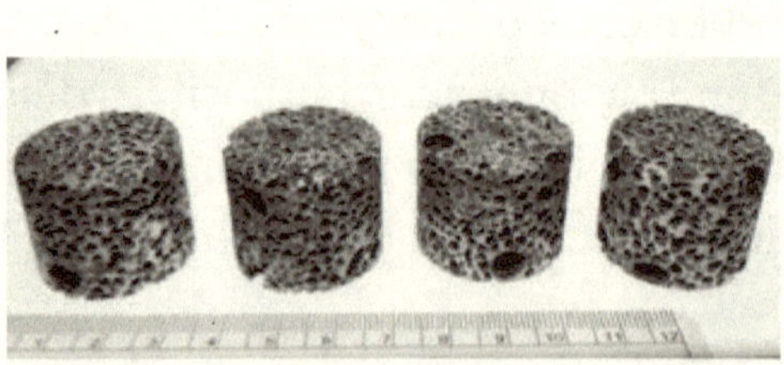

Figura 76. *Ejemplo de probetas obtenidas por maquinado, ya con preparación para ensayo de compresión*

e.3. Disolución de la preforma

La disolución de la preforma infiltrada es un proceso fundamental para asegurar la calidad de las espumas metálicas. A continuación, se detallan los parámetros y procedimientos empleados:

- **Disolución general**: Las muestras se sumergen en un recipiente con agua durante una hora. Posteriormente, se someten a un flujo forzado mediante un agitador magnético durante 20 minutos, con el propósito de eliminar la mayor cantidad de residuos en la superficie y debilitar los remanentes alojados en los poros internos de la espuma.
- **Disolución por ultrasonido**: En esta etapa, se emplea un lavador ultrasónico que genera vibraciones de alta frecuencia, generalmente entre 15 y 400 kHz, para desprender los residuos atrapados en los poros de las celdas de las probetas. El tiempo de disolución varía entre 20 y 90 minutos, utilizando preferentemente agua destilada a temperatura ambiente.
- **Lavado y eliminación de residuos por decapado**: El decapado es un proceso de ataque químico utilizado para eliminar impurezas, manchas, óxidos y escamas presentes en superficies metálicas. En esta fase, las probetas se someten a un tratamiento químico para remover los residuos de la preforma adheridos a los bordes y paredes de las celdas, así como los productos de oxidación generados durante la fundición e infiltración. Para la limpieza moderada de aleaciones de aluminio, se utilizan comúnmente soluciones diluidas de ácidos como el nítrico, fluorhídrico o sulfúrico.

El procedimiento de decapado consiste en sumergir las probetas de manera controlada en la solución ácida, con un tiempo de inmersión ajustado según el tipo de ácido empleado. En la Figura 77 se ilustra el proceso de decapado de las probetas. Una vez completado este tratamiento, es necesario neutralizar las probetas con una solución adecuada, dependiendo del ácido utilizado en el procedimiento.

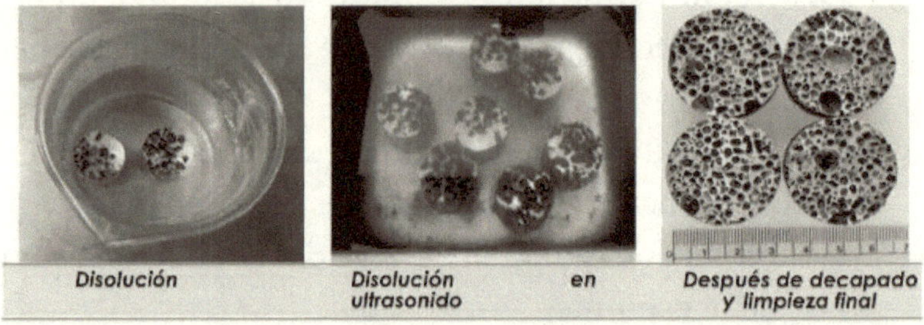

Figura 77. *Procedimiento de disolución de la preforma y limpieza de las probetas a caracterizar*

e.4. Cálculo de densidad relativa

Para determinar la densidad relativa se aplica el método de Arquímedes.[c] Este mide directamente la macroporosidad a partir de los volúmenes y masas de las muestras.[36] La fracción de porosidad obtenida permitió efectuar los cálculos necesarios para determinar la densidad relativa. Estas mediciones se realizaron en todas las probetas fabricadas, tomando como referencia el peso de probetas de aluminio sólido con las mismas dimensiones que los especímenes celulares analizados.

e.5. Determinación de porosidad y densidad relativa mediante medición directa de macroporosidad

Esta medición se lleva a cabo con el propósito de obtener una estimación rápida y suficientemente precisa del porcentaje de

c El volumen del objeto es igual al volumen del agua desplazada (derramada). Como la densidad del agua es de 1 g/cm^3 (1000 kg/m^3), el número de gramos de masa del agua corresponde al número de centímetros cúbicos de volumen del objeto. Este es un buen método para determinar el volumen de objetos de forma irregular.

porosidad en las espumas fabricadas. El cálculo se realiza a través de la fracción de porosidad, la cual se expresa mediante la siguiente ecuación:

Ecuación 52

$$\varphi = \frac{V_t - V_s}{V_t} = \frac{V_p}{V_t}$$

Donde V_t es el volumen de bulto o el volumen total del espécimen, V_s el volumen de sólido dentro de la espuma y V_p es el volumen o espacio de los poros. El cálculo de la densidad relativa se hace mediante la ecuación 53:

Ecuación 53

$$\frac{\rho *}{\rho_s} = 1 - \varphi$$

f. Caracterización óptica-morfológica

Para la evaluación estructural de cada una de las series de espumas fabricadas, se emplearon las siguientes técnicas:

- **Análisis mediante fotografía convencional**: Este método se utiliza para obtener evidencia visual de la calidad de los especímenes en términos de morfología, homogeneidad, distribución de los poros y la formación de una estructura celular adecuada.
- **Análisis mediante microscopio estereoscópico**: Esta técnica permite realizar un análisis más detallado del tamaño de las celdas, la morfología y la identificación de los principales defectos presentes en las celdas o poros. Proporciona una visión más precisa y ampliada de la estructura interna de las espumas.

g. Pruebas mecánicas de compresión

El empleo de espumas metálicas se basa en un conocimiento detallado de sus propiedades mecánicas bajo compresión. Los ensayos de compresión permiten determinar parámetros fundamentales, como el esfuerzo de límite elástico, el esfuerzo de colapso plástico, el esfuerzo de densificación y la energía absorbida por cada espécimen. A continuación, se presentan ejemplos de la caracterización mecánica a compresión en espumas de aluminio.

g.8. Características y parámetros del ensayo de compresión

A continuación, se expone la caracterización mecánica a compresión de cuatro probetas por cada tipo de espuma, con el objetivo de obtener una muestra representativa de su comportamiento mecánico. Las pruebas se llevaron a cabo en un equipo de ensayos universales. Para reducir los efectos de la fricción entre los platos y las superficies superior e inferior de cada probeta, se colocó un recuadro de teflón como separador. Los parámetros empleados en los ensayos se detallan en la Tabla 9.

Tabla 9. *Parámetros y condiciones de los ensayos a compresión realizados*

Rapidez de deformación	**$1x10^{-3}$ s^{-1}**
Velocidad de deformación	1,5 mm/min
Celda de carga	10 ton
Temperatura del ensayo	25 °C ambiente

La rapidez de deformación se definió basado a lo reportado en distintas publicaciones para cumplir con el denominado ensayo de compresión cuasiestático.[48,49,51,57,23] Este ensayo no solo permite reconocer las tres etapas distintivas de la curva esfuerzo-deformación —región elástica lineal, colapso plástico a esfuerzo constante o *plateau*, y densificación—, sino que también facilita el análisis y la estimación de la energía absorbida durante la deformación de las celdas.

Como se ha mencionado anteriormente, para validar una espuma metálica como material para la absorción de impactos, es necesario realizar ensayos de compresión a diferentes velocidades de deformación, utilizando espumas con distintas densidades relativas.

Con esta información, se genera un diagrama de absorción de energía, el cual permite determinar cuál de las espumas analizadas absorbe la mayor cantidad de energía, manteniendo un esfuerzo de colapso elástico máximo permitido, bajo condiciones específicas de velocidad de deformación y densidad relativa. Este análisis es fundamental para seleccionar la espuma más adecuada según los requerimientos de la aplicación.[48] La Figura 78 muestra la secuencia de la deformación de una espuma metálica en el ensayo de compresión.

Figura 78. *Configuración del dispositivo en distintas etapas del ensayo a compresión*

2.2.6. Evaluación de propiedades mecánicas

a. Determinación de las tres regiones de comportamiento mecánico de una espuma mecánica a compresión

En la Tabla 10 y la Figura 79 A se presentan los resultados cuantitativos y gráficos obtenidos en el ensayo de compresión para cada probeta. En estos datos se identifican las distintas fases del comportamiento mecánico —región elástica lineal, colapso plástico o plateau, y densificación— a través del indexado de sus valores correspondientes. Esta clasificación facilita un análisis detallado del desempeño de cada probeta bajo carga de compresión.

Tabla 10. *Principales propiedades mecánicas a compresión de las espumas de la serie 1*

Densidad relativa de la probeta	Esfuerzo de colapso plástico (régimen de colapso a esfuerzo constante, plateau)	Zona de densificación	Módulo elástico, MPa	Energía absorbida/ MJ/m^3
Probeta 1, 0,67	σ_p = 48,81 MPa ε_p = 0,056	σ_p = 97,57 MPa ε_p = 0,335	1584,4	20,94
Probeta 2, 0,57	σ_p = 65,60 MPa ε_p = 0,072	σ_p = 67,84 MPa ε_p = 0,27	1491,28	12,69
Probeta 3, 0,48	σ_p = 25,38 MPa ε_p = 0,058	σ_p = 32,72 MPa ε_p = 0,3556	796,54	8,84
Probeta 4, 0,71	σ_p = 71,33 MPa ε_p = 0,064	σ_p = 160 MPa* ε_p = 0,4*	1746,55	42,94

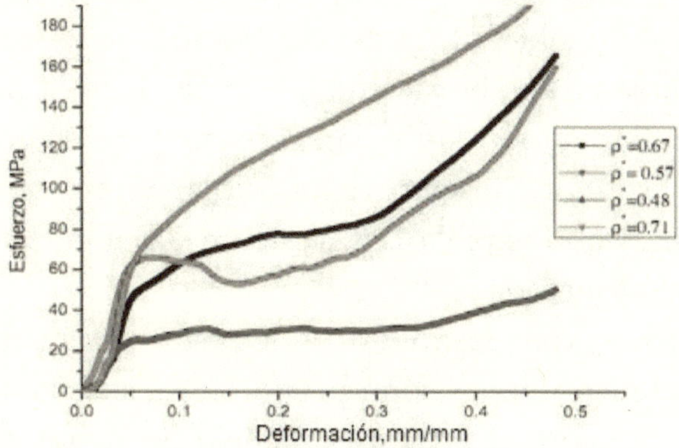

Figura 79. *Curva característica de ensayo de compresión de espumas metálicas, serie 1 con diferente densidad relativa*

b. Módulo elástico

En este caso, se aprecia una variación del módulo elástico en función de la densidad relativa de cada espécimen, en concordancia con la estimación propuesta por Ashby-Gibson,[48] que señala que el módulo elástico relativo, proporcional al módulo elástico de cada espuma, está determinado por su densidad relativa. En la Tabla 10 se observa que el módulo es el más alto para el espécimen, con densidad relativa de 0,71, mientras que el correspondiente a la probeta con densidad relativa de 0,41, fue el más bajo.

c. Esfuerzo de colapso plástico y densificación

Al analizar los esfuerzos de colapso plástico y de densificación, se observa que no siguen una relación directa con la densidad relativa en todos los especímenes. Por ejemplo, la probeta 2, con una densidad relativa de 0,57, presentó un esfuerzo de colapso plástico mayor (65,60 MPa) en comparación con la probeta 1 (48,81 MPa), a pesar de que esta última posee una densidad relativa más alta.

Este fenómeno podría explicarse porque el colapso plástico en la probeta 2 ocurre a una deformación mayor debido a su estructura predominantemente celular. En contraste, en especímenes con una proporción significativa de metal sólido, como la probeta 1, la concentración de esfuerzos tiende a localizarse en los bordes de las celdas bajo la misma carga aplicada. Esto genera un colapso prematuro en comparación con una espuma con estructura celular uniforme en todo su volumen, lo que explica la transición en el comportamiento mecánico observada.[55,62,69]

Para el resto de las muestras, los esfuerzos de colapso elástico mantienen una relación proporcional con la densidad relativa, en concordancia con el modelo de Ashby-Gibson para esta propiedad.[48]

d. Comportamiento de la espuma y absorción de energía

Las tres etapas características del comportamiento de una espuma metálica —fase elástica lineal, colapso plástico a esfuerzo constante y densificación— se observaron en todos los especímenes de esta serie, aunque con variaciones en la fase de colapso plástico. Estas diferencias se aprecian con claridad en las curvas de las probetas 2 y 3, que presentan densidades relativas de 0,57 y 0,48, respectivamente, donde el colapso plástico ocurre prácticamente a un esfuerzo constante.

En el caso de la probeta 1, con una densidad relativa de 0,67, el incremento del esfuerzo durante la fase de colapso plástico es mínimo, lo que sugiere un colapso plástico a régimen constante. Esto se debe a que, al presentar una menor densidad, el colapso de las celdas se produce en bandas, y su fractura independiente se ajusta al comportamiento característico de un régimen de esfuerzo constante.[48]

Por otro lado, la probeta 4, con una elevada densidad relativa de 0,71 debido a la mayor presencia de material sólido, experimenta un colapso plástico acompañado de un aumento constante en el esfuerzo de compresión. Este comportamiento se debe a la resistencia proporcionada por sus paredes más gruesas, lo que genera un efecto de densificación antes del colapso completo de las celdas, asemejándose al comportamiento de un metal sólido convencional.

No obstante, el incremento del esfuerzo de compresión durante la fase de colapso plástico no excluye a la muestra de ser considerada una espuma, ya que este fenómeno es característico de espumas de alta densidad, como lo han documentado diversos estudios en la literatura.[52,55,62,24]

Este fenómeno está vinculado a la capacidad de absorción de energía calculada para cada probeta, la cual muestra una correlación con la densidad relativa debido a la magnitud del esfuerzo de compresión alcanzado durante el colapso plástico, como lo indica Michailidis *et al.*[55] Asimismo, está influenciado por los efectos estructurales característicos de las espumas de alta densidad, como la resistencia de los bordes y caras, además de la fricción generada por la mayor presencia de material sólido.[48,55]

En este sentido, la probeta 4, con una densidad relativa de 0,71, presenta la mayor energía absorbida por unidad de volumen en comparación con los demás especímenes. Sin embargo, es ampliamente conocido que un requisito esencial para una espuma metálica empleada en la absorción de impactos es su capacidad para absorber grandes cantidades de energía bajo un régimen de esfuerzo cuasiestacionario. Dicho régimen puede exhibir un gradiente similar al de los paneles compuestos, siempre que no se anticipe una fractura frágil del componente.[18]

Referencias bibliográficas

1. Kozo I., Komarneni S., Nanko M. (2008). *Porous Materials: Process Technology and Applications*. Kluwer Academic Publishers.
2. Rouquerolt J., Avnir D., Fairbridg C. W., Everett D. H., Haynes J. H., Pernicone N., Ramsay J. D. F, Sing K. y Unger K. K. (1994). *Pure & Appl. Chem*. 66: 8: 1739-1758.
3. Shapovalov V. (1994). *Mrs Bulletin, Porous Metals*, abril, 24-28.
4. Lefebvre P., Banhart J., Dunand C. (2008). *Porous Metals and Metallic Foams. Advanced Engineering Materials*. 10(9): 775–787.
5. Schiüth F., Sing K., Weitkamp J. (2002). *Handbook Of Porous Solids*. Volume 1, Wiley-Vch.
6. Gibson L., Ashby M. (1998). *Cellular Solids, Structures and Properties*. Cambridge University Press.
7. Gibson L., Ashby M. y Harley B. (2010), *Cellular Materials in Nature and Medicine*. Cambridge University Press.
8. Gibson L. (2005). *Biomechanics Of Cellular Solids, Journal of Biomechanics*. 38: 377-399:
9. Meyers M. A., Chen P. Y., Yu-Min L. A., Seki Y. (2008). *Biological Materials: Structure And Mechanical Properties. Progress In Materials Science*. 53: 1-206.
10. Chen P. Y., McKittrick J., Meyers M. A. (2012). *Biological Materials: Functional Adaptations and Bioinspired Designs. Progress In Materials Science*. 57: 1492-1704.
11. Fratzl P., Weinkamer R. (2007). *Nature´s Hierarchical Materials. Progress In Materials Science*. 52:1263–1334.
12. Currey J. D. (2002). *Bones: Structure and Mechanics*. Princeton University Press.
13. Pinto Silva, S., Sabino, M. A., Fernandes, E. M., Correlo, V. M., Boesel, L. F., Reis, R.L. (2005). *Cork: Properties, Capabilities and Applications. International Materials Reviews*, Volume 50.
14. Wegst U. G. K., Ashby M. (2008). *The Mechanical Efficiency of Natural Materials, Philosophical Magazine* 84: 21: 2167-2187.
15. Mathias H., Stampfl J., Heinz E. Pettermann. (2007). *Numerical simulations of 3D open cell structures – influence of structural irregularities on elasto-plasticity and deformation localization. International Journal of Solids and Structures*. 44: 9: 2990-3003.

16. Lautner S., Backmann F. (2012). *Developments In X-Ray Tomography VIII.* Stuart R. Stock, Proc. Of Spie. 8506.

17. Clottes, J. (1993). *Journal Of Archaeological Science.* 20: 223-235.

18. Banhart, J. (2001). *Manufacture, Characterisation and Application of Cellular Metals and Metal Foams. Progress In Materials Science.* 46: 559-632.

19. Wu, Z., He, D. (2000) *Chinese Sci. Bull.* 45:348-352.

20. Luxner, M. H., Stampfl J., Pettermann, H. E. (2007). *International Journal of Solids and Structures.* 44: 9: 2990-3003.

21. Han, X., Wang, Q., Park, Y., Joen, C. T'., Sommers, A., Jacobi, A. (2012). *A Review of Metal Foam and Metal Matrix Composites for Heat Exchangers and Heat Sinks. Heat Transfer Engineering.* Volume 33: 991-1009.

22. Maire, E., Fazekas A, Salvo L., Dendievel R., Youssef S., Cloetens, P., Letang, J. M. (2003). *X-Ray Tomography Applied to the Characterization of Cellular Materials. Related Finite Element Modeling Problems. Composite Science and Technology.* 63: 2431-2444.

23. Kaoua S., Dahmound D., Balhadj E. E., Azzaz, M. (2008). *Journal of Alloys and Compounds.* 47:147-152.

24. Gutiérrez Vázquez, J. A., Oñoro J. (2008). *Espumas de Aluminio. Fabricación, propiedades y aplicaciones, Revista de Metalurgia.* 44: 457-458.

25. Currey, J.D. (2012). *The Structure and Mechanics of Bone, Journal of Materials Science.* 47: 41–54, 47-48.

26. Degischer H. P., Kriszt, B. (2002). *Handbook of Cellular Metals: Production, Processing, Applications.* Wiley-Vch.

27. Banhart J. (December 2000). *Solidification Science.*

28. Ashby, M. F., Evans, A. G., Fleck, N. A., Gibson, L. J., Hutchinson, J. W., Wadley H. N. G. (2000). *Metal Foams: A Design Guide.* Butterworth-Heinemann, United States.

29. Martin, C. P., Blunt, M. O., Vaujour E., Fahmi, A., D'Aléo, A., De Cola, L., Vogtle, F., Moriarty P. (2008). *Chapter 1 Self-Organised Nanoparticle Assemblies: A Panoply of Patterns, Studies in Multidisciplinarity.* 5: 1-20.

30. Banhart J., Weaire D. (2002). *Phys Today.* 7:37.

31. Figueroa, I. A., Suarez, M.A., Velasco-Castro, M., Pfeiffer, H., Alcántar-Vázquez, B., González, G., Alfonso, I., Lara-Rodríguez G. A. (2015). *Development of Pure Mg Open-Cell Foams as Structured CO_2 Captor. Thermochimica Acta.* 621. 74-80.

32. Goodall, R., Despois, J. F., Marmottant, A., Salvo, L., Mortensen, A. (2006). *The effect of preform processing on replicated aluminium foam structure and mechanical properties. Scripta Materialia.* 54: 2069-2073.

33. Gergely, V., Curran D. C., Clyne, T. W. (2003). *The FOAMCARP process: foaming of aluminium MMCs by the chalk-aluminium reaction in precursors. Composites Science and Technology.* 63: 2301-2310.

34. Cambronero, L. E. G., Ruiz-Román, J. R., Corpas, F. A., Ruiz Prieto, J. M. (2009). *Manufacturing of Al-Mg-Si alloy foam using calcium carbonate as foaming agent. Journal of Materials Processing Technology*. 2009; 209: 1803-1809.

35. Despois, J. F., Marmottant, A., Salvo, L., Mortensen, A. (2007). *Influence of the infiltration pressure on the structure and properties of replicated aluminium foams. Materials Science and Engineering: A*. 462: 68-75.

36. Huo, D., Yang, J., Zhou, X., Wang, H., Zhang, T. (2012). *Preparation of open-celled aluminum foams by countergravity infiltration casting. Transactions of Nonferrous Metals Society of China*. 22: 85-89.

37. Palmer, R.A., Gao, K., Doan, T. M., Green, L., Cavallaro, G. (2007). *Pressure infiltrated syntactic foams-Process development and mechanical properties. Materials Science and Engineering:A*. 464: 85-92.

38. Goodall R., Marmottant, A., Salvo, L., Mortensen A. (2007). *Spherical pore replicated microcellular aluminium: Processing and influence on properties. Materials Science and Engineering: A*. 465: 124-135.

39. Goodall R., Mortensen A. (2007). *Microcellular Aluminium? — Child´s Play! Advanced Engineering Materials*. 11: 951-954.

40. Berchem, K., Mohr. U., Bleck, W. (2003). *Controlling the degree of pore opening of metal sponges, prepared by the infiltration preparation method. Materials Science and Engineering*: A. 323: 52-57.

41. Ma, L., Song, Z., He, D. (1999) *Cellular structure controllable aluminium foams produced by high pressure infiltration process. Scripta Materialia*. 41: 785-789.

42. Eordley. E. S., Flower, H. M. (2003). *Infiltration and solidification of commercial purity aluminium matrix composites. Materials Science and Engineering: A*. 359: 303-312.

43. Rohatgi, P. K., Guo R. Q., Iksan, A., Borchelt, E. J., Asthana, R. (1998). *Pressure infiltration technique for synthesis of aluminum-fly ash particulate composite. Materials Science and Engineering: A*. 244: 22-30.

44. Rohatgi, P. K., Kim, J. K., Gupta, N., Alarakj S., Dooud, A. (2007). *Compressive characteristics of A356/fly ash cenosphere composites synthesized by pressure infiltration technique. Composites Part A. Applied Science and Manufacturing*. 37: 430-437.

45. Castrodeza, E. M., Mapelli C. (2009). *Processing of brass open-cell foam by silica-gel beads replication. Journal of materials Processing Technology*. 209: 4958-4962.

46. Ramamurty, U., Paul, A. (2004). *Variability in mechanical properties of a metal foam. Acta Materialia*. 52: 869-876.

47. Gibson, L., Ashby, M. F, (1997). *Cellular Solids, Structure and Properties*. Cambridge Solid State Science Series.

48. San Marchi, C., Mortensen, A. (2001). *Deformation of open-cell aluminum foam. Acta Materialia.* 49: 3959-3969.

49. Zhang, C., Feng, Y. Zhang, X. (2010). *Mechanical properties and energy absorption properties of aluminum foam-filled square tubes. Transactions of Nonferrous Metals Society of China.* 20: 1380-1386.

50. Wei, X., Chen, J. H, Dai, L. H. (2012). *Energy absorption mechanism of open-cell Zr-based bulk metallic glass foam. Scripta Materialia.* 66: 721-724.

51. Markaki, A. E., Clyne, T. W. (2001). *The effect of cell wall microstructure on the deformation and fracture of aluminium-based foams. Acta Materialia.* 49: 1677-1686.

52. Kim, A., Hasan, M. A., Nahm, S. H., Cho, S. S. (2005). *Evaluation of compressive mechanical properties of Al-foams using electrical conductivity. Composite structures.* 71: 191-198.

53. Cadena, J. H., Alfonso, I., Ramírez, J. H., Rodríguez-Iglesias, V., Figueroa, I. A., Aguilar, C. (2014). *Improvement Of FEA Estimations for Compression Behavior of Mg Foams Based on Experimental Observations. Computational Materials Science.* 91: 359-363.

54. Michailidis N., Stergioudi F., Tsouknidas, A. (2011). *Deformation and energy absorption properties of powder-metallurgy produced Al-foams. Materials Science and Engineering: A.* 528: 7222-7227.

55. Jeenager V.K., Pancholi V. (2014). *Influence of cell wall microstructure on the energy absorption capability of aluminium foam. Materials & Design (1989-2015).* 2014; 59: 454-459.

56. Kanahashi H., Mukai T. *Experimental Study for The Improvement of Crashworthiness in AZ91 Magnesium Foam Controlling Its Microstructure. Materials Science & Engineering.* 2001; A308: 283-287.

57. Figueroa I.A., Suarez M.A., Velasco-Castro M., Pfeiffer H., Alcántar-Vázquez B., González G., Alfonso I., Lara-Rodríguez G.A. *Development of pure Mg open-cell foams as structured CO_2 captor. Thermochimica Acta.* 621.: 74-80

58. Lara-Rodríguez, G. A., Figueroa, I. A., Suárez, M. A., Novelo-Peralta, O., Alfonso I., Goodall, R. (2017). *A replication-casting device for manufacturing open-cell Mg foams. Journal of Materials Processing Technology.* 243: 16-22.

59. Liu, J. A., Yu S. R., Hu, Z. Q., Liu, Y. H., Zhu, X- Y. (2010). *Deformation and energy absorption characteristic of Al_2O_3f /Zn-Al composite foams during compression. Journal of Alloys and Compounds.* 506: 620-625.

60. Onck, P. R., Andrews, E W., Gibson, L J. (2001). *Size effects in ductile cellular solids. Part 1: modeling. International Journal of Mechanical Sciences.* 43: 681-699.

61. Cao, X., Wang, Z., Ma, H., Zhao, L., Yang, G. (2006). *Effects of cell size on compressive properties of aluminum foam. Transactions of Nonferrous Metals Society of China.* 16: 351-356.

62. Surace, R., De Filippis, L. A. C., Ludovico, A. D., Boghetich, G. (2009). *Influence of processing parameters on aluminium foam produced by space holder technique.* Materials and design. Vol. 30 p.1878-1885 (2009).

63. Bafti H., Habibolahzadeh A. (2012). *Production of Aluminum Foam by Spherical Carbamide Space Holder Technique-Processing Parameters. Materials and Design.* 31: 4122-4129.

64. Gilani, H., Jafari, S., Gholami, R., Habibolahzadeh A., Mahdi Taheri M. (2012). *Fabrication And Mechanical Testing of the Aluminum Foam Produced by Sintering and Dissolution Process. Applied Mechanics and Materials.* Vol. 121-126: 3289-3293.

65. McGuire, M. F. (2008). *Stainless Steels for Design Engineers.* Asm International.

66. Alfonso I., Figueroa I. A., Béjar L., Gutiérrez, H. M., González G., Hernández, O., Aguilar C., Lara, G. (2017). *Characterization Of Al-Si-Cu-Mg Foams Manufactured In-Situ. Journal Of Alloys And Compounds.* 722: 797-808.

67. Xu, Z.G., Fu, J. W., Luo, T. J., Tang, T. S. (2012). *Effects of cell size on quasi-static compressive properties of Mg alloy foams. Materials and Design.* 34: 40-44.

68. Kishimoto S., Wang Q. (2014). *Compressive mechanical properties of closed-cell aluminum foam-polymer composites. Composites Part B.* 64: 43-49.

CADUCEUS

www.ingramcontent.com/pod-product-compliance
Lightning Source LLC
LaVergne TN
LVHW040439051026
849517LV00002B/681